“国家教育部人文社会科学研究项目（批准号：12YJC860050）最终成果”

THE CONSTRUCTION OF COLLEGE STUDENTS' SELF-IDENTITY IN MICROBLOGGING SPACE

微博空间中

大学生自我认同的建构

杨桃莲◎著

中国出版集团　研究出版社

图书在版编目（CIP）数据

微博空间中大学生自我认同的建构 / 杨桃莲著.—北京：
研究出版社，2017.7
ISBN 978-7-5199-0048-9

Ⅰ.①微… Ⅱ.①杨… Ⅲ.①互联网络—应用—大学
生—爱国主义教育—研究—中国 Ⅳ.①G641.4-39

中国版本图书馆CIP数据核字（2017）第143730号

微博空间中大学生自我认同的建构

出 品 人 赵卜慧
作　　者 杨桃莲 著
责任编辑 陈侠仁
责任校对 张　琨
发行总监 黄绍兵
出版发行 研究出版社
地　　址 北京市东城区沙滩北街 2 号中研楼
邮政编码 100009
电　　话 010-63292534　63057714（发行部）
63055259（总编室）
传　　真 010-63292534
网　　址 http:// www.yanjiuchubanshe.com
电子邮箱 yjcbsfxb@126.com
印　　刷 北京市金星印务有限公司
开　　本 710mm×1000mm　1/16
印　　张 13.75
版　　次 2017 年 7 月第 1 版　2017 年 7 月第 1 次印刷
书　　号 ISBN 978-7-5199-0048-9
定　　价 48.00 元

序

杨桃莲博士送来其撰写的《微博空间中大学生自我认同的建构》书稿，嘱我为之作序。

这部专著，是她多年辛勤汗水的结晶。由于这一研究运用多重视角考察大学生在微博空间中对自我的建构、对角色的确认以及对文化的皈依，旨在使我们可以多方位获知大学生对自我认同的建构，因而需要作者具有传播、文化、社会、精神分析等学科领域的理论与知识，这一跨学科领域的尝试，对杨博士来说是一次巨大的挑战。作为她的博士生导师，我亲见她为之奋勉、为之困顿、为之欢欣的整个过程，验证了一句老话："一分耕耘，一分收获。"

综观全书，她的这本专著的选题比较新颖。自我认同问题是个经典的哲学命题，作者敏锐地抓住了正值青春期的大学生最易产生自我认同危机这一问题，考察了大学生如何利用新媒体来建构他们的自我认同。作者认为，在最易发生自我认同危机的阶段，在自我认同由外向内、由被动向主动转型的情况下，迅速崛起的微博等全新的社交媒体恰好为大学生反思自我、表达自我、建构自我提供了平台，大学生将外部世界整合进自我的叙述，进行了主动的自我认同建构。全书围绕这个富有创意的中心论点层层展开，深入剖析了大学生的心理、生存状态、文化诉求等。

该专著对新媒体研究也有一定的拓展性贡献。以雪莉·特克为代表的学者主要关注纯粹虚拟网络中的自我建构问题，认为"网络中的自我不同于现实生活中的自我”，网络中所建构的自我是“单一的、片断化的自我”。杨桃莲博士则考察了在她研究大学生自我认同问题时最红火的新媒体——微博，发现实名制下的微博不是纯粹虚拟的媒介，在此空间中建构的自我并不是完全不同于现实生活中的自我，它是“本我”“现实我”“理想我”的统一。这一论断，丰富、充实了原先网络自我建构的研究，弥补了以往研究的不足。

此外，该专著运用“虚拟”田野调查、文本分析和案例研究等方法，基于大学生微博的内容，获取了大量第一手的资料，并做了精细的文本分析，不做架空之论，言之有理、有据。书稿中关于大学生自我建构的丰富图景，可为社会学、人类学等相关研究领域提供比较扎实的支撑性成果。

这一专著，不仅具有上述理论意义与学术价值，而且还具有很大的现实意义与实用价值。该书稿所揭示的大学生心理状况有助于增强家长、学校和社会对大学生的客观了解，所揭示的大学生自我迷失、身份焦虑等负面问题也值得家长和学校教师审慎思考引导大学生健康发展之路。

最后，希望杨博士今后能继续这项具有理论与现实双重意义的研究工作，在学术之路上越走越远，获取更多的成果。

黄　瑚*

2016 年 11 月 10 日

*序作者简介：黄瑚，博士，复旦大学新闻学院教授、博士生导师，教育部高等学校新闻传播学类专业教学指导委员会副主任委员，上海市高等学校新闻传播学类专业教学指导委员会主任委员，中国新闻史学会副会长。

目　录

Contents

序 ………………………………………………………………… 黄　瑚

摘　要 ……………………………………………………………… 001

第一章　绪　论 …………………………………………………… 005

第一节　选题缘起及意义 ………………………………………… 005

一、选题缘起 ……………………………………………………… 005

二、选题意义 ……………………………………………………… 009

第二节　理论依据及研究综述 …………………………………… 010

一、理论依据 ……………………………………………………… 010

二、研究综述 ……………………………………………………… 015

第三节　研究对象、方法、思路及伦理 ………………………… 017

一、研究对象 ……………………………………………………… 017

二、研究方法 …… 018
三、研究思路 …… 020
四、研究伦理 …… 021

第二章 微博：大学生自我认同建构的平台 …… 029

第一节 大学生微博的现状 …… 029

第二节 大学生热衷写博的原因 …… 032

一、追求时尚与休闲 …… 034
二、排遣孤独 …… 036
三、倾诉与发泄 …… 037
四、相互交流 …… 039
五、实现价值 …… 042

第三节 微博：大学生建构自我认同的平台 …… 044

本章小结 …… 048

第三章 自我的建构 …… 053

第一节 现实我的再现 …… 055

一、实名、前台与现实我的再现 …… 055
二、自我叙事与现实我的再现 …… 060

第二节 本我的浮现 …… 062

一、匿名、后台与本我的建构 …… 063

二、自我揭露与本我的浮现 …… 066

第三节 理想我的呈现 …… 068

一、美化自我 …… 069

二、投射于他人 …… 072

三、虚拟另一身份 …… 076

本章小结 …… 077

第四章 角色的确认 …… 085

第一节 大学生定位 …… 086

一、大学生定位的必要性 …… 087

二、大学生定位的方式 …… 094

第二节 “小资”阶层认同 …… 101

一、“小资”含义及其历史流变 …… 102

二、小资情调 …… 105

三、小资品位 …… 109

本章小结 …… 120

第五章 文化的皈依 …… 127

第一节 地方共同体的建构 …… 129

一、再现家乡风景 …… 130

二、展现家乡饮食 …… 134

三、抒写家乡情 …… 136

第二节　国家认同的建构 …………………………………………… **142**

一、铭记历史 ……………………………………………………… 143

二、理性爱国 ……………………………………………………… 146

三、捍卫国家主权 ………………………………………………… 148

四、以“母亲”意象载爱国情怀 …………………………………… 152

本章小结 …………………………………………………………… 154

结　　语 …………………………………………………………… **159**

附录一 ……………………………………………………………… **162**

附录二 ……………………………………………………………… **174**

参考文献 …………………………………………………………… **185**

后　　记 …………………………………………………………… **210**

摘　要

新传播技术的发展促进了媒介形态的演变。迅速崛起的因特网，被公认为是继报刊、广播、电视之后的第四媒体，是媒介进化史上新的里程碑。随着技术的更进一步发展（如RSS、Ajax、TAG、SNS），互联网由1.0进入2.0时代，仅十几年光阴，微博等互联网信息传播媒介已经将个人塑造为Web2.0时代的绝对主角。“微博”意指“微型博客”，它是继E-mail、BBS、ICQ、博客之后出现的第五种网络交流方式，它已成为“Web2.0核心的应用的最典型代表”。

国内外的调查研究表明，在校大学生既是使用网络最稳定、最活跃的主要群体，也是使用微博最稳定最活跃的主要群体，可代表主要的网民群体和主要的微博作者和读者。大学生正值青春期，这个阶段正是被美国心理学家埃里克·H.埃里克森称为最容易产生自我认同危机的阶段，因而大学生在青春期要解决的核心任务是建立自我认同感，排除自我迷惘，这就需要充分的自我表达、自我反省以及社会交往，在表达、反省与交往中建立起自我认同。那么，大学生采用何种表达渠道来建构自我认同，又是如何来建构自我认同的呢？这正是本文要考察的主要内容。

泰勒（Taylor）、吉登斯（Giddens）、科特（Cote）都认为，我们已经改变了我们发觉自我、呈现自我和再现自我的方式，自我认同已经由外向内、由被动向主动转型。而微博的出现恰好为需要主动建构自我的大学生提供了自我反省、自我表达、自我建构的平台，它能满足大学生追求时尚、排遣孤独、倾诉与发泄、相互交流、实现自我价值的需要。它因兼具公共性和个人性，从而比人际传播、传统日记本、E-mail、BBS、ICQ、个人主页等更有助于大学生建构自我认同，即有助于大学生在自我表达、自我反思、与他人交往中确定我是谁。微博是大学生自我认同建构的平台，毫无疑问，它留下了大学生自我认同建构的痕迹，展示了大学生的心路历程，而其心路历程不可避免地会打上社会和文化的烙印。因而在接下来的篇章，笔者以众多大学生个人微博为文本，在观察的基础上，着重从心理层面、社会层面和文化层面来考察大学生如何主动地建构自我认同，篇章顺序依次是自我的建构、角色的确认、文化的皈依。

关于网络中自我建构的问题，早期大多数研究均关注纯粹匿名环境中网络身份的建构，容易得出网络使用者建构的是与现实自我完全不同的新身份的结论。然而，微博也是网络样式的一种，但它实行的是实名制（前台自愿、后台实名），通过它所建构的自我就绝不是一种自我，经观察得知，大学生在微博中建构的自我是本我、现实我、理想我三者兼而有之。只不过匿名微博更有助于建构本我，实名微博更有助于建构现实我，而微博便于印象管理的特性，又使之能建构理想我。

角色是在社会中形成的，没有社会就没有角色的产生。“大学生”理所当然是大学生要扮演的一个重要角色。因大学生活与高中生活的巨大反差，大学生容易迷失自我；因高校扩招以及就业分配制度的改革，大学生的身份由“天之骄子”转变为“普通劳动者”，这使得大学生容易产生对身份的焦虑，因而大学生有必要进行自我定位。大学生往往倾向于以兴趣、能力来定位，以社会角色期待来定位，从而明确自己前进的方向和目标。从阶层上来看，“小资”的含义经过历史的演变，已淡化其经济、政治的阶级色彩，成为一种生活方式，一种生活情调与生活品位。大学生在客观上虽不属小资阶层，但他们却在主观上认同自己为“小资”，他们通过所流露出的“情调”及“品位”建构起自己的“小资”阶层认同。

人是文化的人，社会是文化的社会。当前的中国正处于从传统社会向现代社会的转型时期，也跨入了全球化时代。大学生在传统与现代的碰撞、中西文化的冲突与融合中，文化和价值观念也发生相应变化，个体的生存意识和生存方式也发生转变，其文化认同也呈现多元化的特征。我们不可简单地以大学生受现代文化和西方文化的影响就得出大学生抛弃传统、全盘西化、不爱祖国的简单结论。大学生在现代化的冲击下并没忘记象征着传统的家乡，仍对家乡有着高度的认同；大学生在全球化的冲击下也并没抛弃自己的祖国，其对祖国也存在着认同。这说明，他们对文化的认同是传统与现代并存、本土与全球共在的开放的多元化认同。

总之，在最容易发生自我认同危机的阶段，在自我认同由外向内、由被动向主动转型的情况下，迅速崛起的微博恰好为大学生反思自我、表达自我、建构自我提供了平台。它融合了过去网络中单一的、片断化的自我，使之成为全面完整系统的自我。大学生将外部世界整合进自我的叙述中，是主动地在建构，而不是被动地选择，这是贯串全文的主线。

关键词：大学生　微博　自我认同　建构

中图分类号：G206.2

第一章　绪　　论

第一节　选题缘起及意义

一、选题缘起

本文选题起因于：其一，大学生正值青春期，这一阶段最易产生自我认同危机；其二，大学生是使用微博的典型性和代表性群体之一，他们的自我认同危机及建构不可避免地会打上微博的印记。

（一）自我认同危机及认同方式的转型

美国心理学家埃里克·H. 埃里克森认为，人格在人的一生要经过口腔、肌肉、运动、潜伏、青春期、成人早期、成人中期和成人后期八个发展阶段，每个阶段人格都要面临一定的危机并试图适应和解决它，从人格发展的第五个阶段（即青春期）开始，同一性（自我认同）危机产生。这个阶段正是儿童向成年人过渡的阶段，青年不仅要经历一个生理上性别明确区分的发展过程，还要在心理上适应和承受社会文化的急剧变迁所带来的价值观念的冲突，因此在这个阶段最容易产生危机。[1]而在全球化、多元化、高度流动的后现代社会，转型时期的中国，青年所面临的认同危机问题更甚。在此情况下，处于青春期的大学生是如何来建构他们的自我认同呢？这是一个很有意义的问题。

泰勒（Taylor）、吉登斯（Giddens）、科特（Cote）都认为，我们已经改变了我们发觉自我、呈现自我和再现自我的方式。[2]认同问题严格说来是一个现代性问题。Taylor 指出："在现代之前，人们并不谈论'同一性'和'认同'，并不是由于人们没有（我们称为的）同一性，也不是由于同一性不依赖于认同，而是由于那时它们根本不成问题，不必如此小题大做。"[3]Taylor 认为，在前现代社会，认同的起点在人的自身之外，因宇宙存在着天意安排的秩序，万物进入各自的位置序列，恰如其分，分毫不差，因而"我"是统一的、稳定性的单一的自我。而在现代社会，认同的起点就在人的自身，我是一个自然人，我被一系列内在的动力、目标、欲望和抱负等欲望刻画出自我的特征。此时的我是"变化不定的自我"，带有后现代的流动性、可变性等特征。[4]Cote 认为，认同形成总是包括自我的主体方面和个人所处社会情境的联系。在前现代社会，个人从传统、宗教、出身所赋予的社会地位中继承他们的社会身份，此时的个人认同是受外界支配的。从前现代向早期现代的转化中，社会认同可通过自我实现来获得。在个人层面上，个人认同建立在公认的、完整的传记基础上。而后现代的市场取向，使注意力更集中于个人，体现在商品中的社会身份可被积极管理。人们发现自己需要更直接、更外向的自我定义，而不是含蓄的，于是积极的自我反省出现了，自我经常通过自我叙事、自我呈现或社会演出加以详细阐明。[5]Giddens 认为，传统社会或者说前现代社会中的自我认同，从很大程度上说，是通过外在的"仪式"以及其他的规则认证之后自我承认和接受的结果，在自我认同的过程中，个体的角色是被动的，个体几乎没有选择，如果说有，他的选择或许只有一种，那就是：去遵从传统。可以说传统社会中的自我认同的方向首先是向外，然后才向内的。而在现代性条件下，自我认同的路上经历的更多的是"仪式的缺场""权威的多元化""自我的两难困境"，个体的生活历程变成了一个内在参照性的历程，自我就是在这样的生活历程中被不断地形塑与建构甚至重构。个体必须作出选择，这里的选择很少有传统意义上的"遵从"的含义，它更多的是体现了一种主动性和开拓性，是对自我的一种开拓。可以说，它的方向与传统社会里自我认同的方向是相反的，它首先是向内，然后才向外。[6]

自我认同由外向内、由被动向主动转型的过程，决定了本文的研究取向：关注大学生自身如何建构自我认同。

（二）大学生・微博・自我认同

“网络正在把传播学引向一个‘研究人’的时代。”[7]“研究处于网络传播核心的人，成为新传播学研究所必须面对的核心课题。”[8]大学生作为社会中的特殊群体，是传承科学文化的主要载体和社会发展的中坚力量，肩负着实现中华民族伟大复兴的历史使命，他们的身心健康与否直接关系到我国社会的稳定与发展。

国内外的调查研究表明，无论是网民还是微博作者和读者，在校大学生都占有很大的比重，可代表主要的网民群体和主要的微博作者和读者。皮尤因特网与美国生活项目对大学生使用因特网的情况作了调查研究，其研究表明，大学生比一般人更容易上网，几乎 100% 的学生都与网络有关。[9]据网络使用人口普查来看，国外的网络用户大多是在校的 18 ～ 29 岁的年轻人，大大高于其他年龄段。[10]中国互联网络信息中心（CNNIC）发布的第 20 次《中国互联网络发展状况统计报告》中，在校大学生（包括大专、本科、硕士、博士）网民超过 4 成（43.9%）。这些网民中，又有一半是本科及以上学历（23.8%）[11]。在第 21 次统计报告中，在校大学生比例也达 36.2%，其次是高中生，比例为 36%。[12]在第 22 次统计报告中，“中国网民的主体仍旧是 30 岁及以下的年轻群体，这一网民群体占到中国网民的 68.6%，超过网民总数的 2/3”[13]。在最近的 37 次统计中，截至 2015 年 12 月，我国网民以 10 ～ 39 岁群体为主，占整体的 75.1%：其中 20 ～ 29 岁年龄段的网民占比最高，达 29.9%，10 ～ 19 岁、30 ～ 39 岁群体占比分别为 21.4%、23.8%。[14]这说明大学生是各重点群体中最稳定、最为活跃的一个，由于身心的成熟，大学生群体的网络信任感最高。

2013 年 8 月 19 日，全国大学生新媒体发展论坛在京召开。论坛上，北京团市委与中科院心理所、新浪微博联合发布了《中国大学生微博发展报告》。报告提到，截至 2013 年 6 月底，单是新浪微博的大学校园用户数已逾 3 000 万，高校日使用用户超过 1 000 万。[15]而至 2015 年 6 月底，新浪微博中可明确识别学生身份的用户，共有在校大学生（含海外用户）37 760 362 人（占比 72.52%），在校高中生用户共有 14 305 188 人（占比 27.48%），两者共计 52 065 550 人。2015 年上半年迎来增长的高峰期，2015 年 6 月底相比于 2014 年 12 月底用户总体增幅为 23.37%。微博学生用户随年龄增大用户数量越多，其中 22 岁用户占比 16.55%，15 岁用户占比 8.25%，两者相差 8.3 个百分点。从活跃率来看，20 岁的学生用户活跃率最高，为 31.51%，其次为 19 岁用户、21 岁用户和 22 岁用户。统计发现，从 15 ～ 35 岁用户所有年龄段的活跃情况来看，学生用户活跃率明显高于非学生用户，活跃度呈现年轻化特征。[16]

大学时期正处于人生的转折与过渡时期，面临着建立自我认同的核心发展任务。微博无疑为大学生提供了一个很好地表达自己、反思自己的平台，国外学者彭内贝克和比尔（Pennebaker & Beall）指出，写出个人经历有助于个人更深刻地理解自己，并能缓解主要矛盾和冲突；缪拉（Miura）也认为，通过在微博中表达和揭露自己，作者能加深对自我的理解。[17] 大学生自我认同的发展将不可避免地被打上微博的印记。

在“网络普及的社会中，自我认同是一个值得注意的议题”。[18] 近年来，人们已经开始了对互联网与自我认同的关系的研究。当代西方学界兴起的自我认同理论为我们研究当代大学生心理健康问题提供了有益的启示。在西方学者看来，自我认同已不仅是一个心理学上的概念，而且还是哲学、社会学、政治学等领域中的常用概念，也就是说，自我认同研究已成为多领域、跨学科的整体性研究视角之一。正是这一点使它非常适合作为研究人的问题的一个切入点，因为有关人的问题的研究涉及的是人的整体的生活世界。由此可以理解，国内学界自 20 世纪 90 年代以来为何越来越多地关注自我认同问题，并把它引入大学生心理健康教育研究。尽管这种“引入”对于拓宽大学生心理健康研究的视野的意义不言而喻，但从目前的研究资料来看，这样的研究还只是处于初始阶段，特别是缺乏关于大学生使用微博与建构自我认同相结合的系统性研究。这也是本论文选题的目的所在。

为什么那么多大学生喜欢写微博？他们在微博中是如何建构自我认同的？微博中所建构的我与现实生活中的我完全不一致吗？正是这些问题驱使笔者要研究这个选题。

二、选题意义

第一，目前国内外研究者大多选用完全虚拟的网络交往现象（如网络游戏、虚拟聊天室）来说明网络与认同建构问题。而微博实行的是实名制，在其中的自我认同建构问题不可能完全同于纯虚拟的网上行为，而这点鲜有人注意。因而本研究可充实、丰富原有的研究，并为今后的学者探索新的网络研究领域提供启示与方向。

第二，当前研究大学生自我认同问题存在的一个突出问题是，侧重于从心理学、思想政治教育维度，而忽视社会学、文化学维度的研究，特别是多学科维度的综合研究。并且，研究中大多采用的是国外的大学生素质测评量表，从而使研究成果并不具有很强的针对性和可行性。

第三，微博是大学生心路历程的反映，通过大学生微博，家长、学校、社会可以了解大学生的心理状况，可以反思自己的教育方式和方法，并可思考如何为大学生创造一个理想的育人环境，促进大学生身心健康发展，维护社会稳定和实现可持续发展，构建社会主义和谐社会。而对于大学生自己来说，他人微博对自己在自我认同危机面前如何有效地进行调适，化解成长风险，促进自身全面发展，也具有一定的直接指导意义。

第四，就研究方法而言，国外主要采取定量分析法，此外还采取个案研究法、实验法。而国内绝大多数研究成果均使用定性研究法，而且往往缺少鲜活的文本，倾向于空谈，出现理论与现实相脱节的情况。近两年虽出现了一些问卷调查，也是停留于面上的观照，缺少微观的个案分析、深入的文本分析。本研究立足于第一手资料，采用深入细致的文本分析、个案研究，可弥补国内研究的不足，也避免了空谈的毛病。

第二节　理论依据及研究综述

一、理论依据

认同，译自英文 identity。“认同”一词起源于拉丁文 idem（即相同，the same）。“identity”在英文中有很多种含义，既包括相似性或相同特性，如相同的身份、相同的表现等，又包括心理认识上的一致性及由此形成的关系。受自我的精神分析理论和临床实践的影响，埃里克森将同一性概念引入心理学，并于 1963 年提出自我同一性概念。随后，这个概念被广泛地应用于社会心理学、人格心理学、发展心理学、教育心理学、咨询心理学和文化心理学，它的重要性已被广泛认可。由于学科领域的不同，学术界对认同的概念界定非常繁杂，相关的研究也众彩纷呈，并集中形成了心理学与社会心理学、社会学两大研究路径，即认同研究取向和社会认同研究取向。

西方的认同问题研究主要发端于心理学，最早把认同作为心理学术语加以讨论的是弗洛伊德，他对于“认同”的界定具有开创性意义，认同被认为是“在社会情景中，个体对其他个体或群体的意向方式、态度观念、价值标准等，经由模仿、内化，而使其本人与他人或团体趋于一致的心理历程”[19]。他通过揭示人类意识的结构模型，提出了自我认同的基本特征：“本我”表现的是欲望和本能；“超我”代表的是来自父母的行为准则或指令；而“自我”作为这两者之间的协调者，一方面使“本我”接受外在规范的制约，同时又试图让“超我”去适应“本我”的需求。[20]“自我”这种新角色不仅表明了其作为认同的调适性特征，而且也促成了作为精神分析研究的分支领域的自我心理学的出现。作为后续者，埃里克森明确提出要以“自我同一性”（即“自我认同”）为核心概念建立自我心理学。他将自我同一性界定为“一种熟悉自身的感觉，一种知道‘个人未来目标’的感觉，一种从他信赖的人中获得所期待的认可的内在自信”[21]。在他看来，同一性是个人在自己的整个生命周期中不断面对自我定义的危机时得出的独特的自我定义方式。在人生的几个阶段（哺乳期、幼童期、游戏期、学龄期、青春期、成年早期或择偶期、真正的成年期即婚后期、成熟的成年期），人总会面对同一个问题的困扰：我是谁？而当人经过痛苦的挣扎找到了自己的答案时，他自己独特的品德即他的同一性也就形成了。这就是说，在埃里克森的方案中，同一性是某种不断变化发展的东西，这种发展过程是个人面对外部环境而不断调适自己的过程。[22]在埃里克森之后，马西娅（Marcia）提出了自我认同的操作性定义。根据危机/探索与承诺两个标准，将自我认同划分为自我认同扩散、自我认同早闭、自我认同延迟、自我认同完成四种状态。[23]拉康的“镜像”理论论述了自我的构成与本质以及自我认同的形成过程。拉康认为，人类的认识起源于婴儿对自己镜中影像的认同。婴儿把镜中影像看作是自己的形象，把自己认同于镜中形象。正是从这一观察，拉康得出了关于认同的定义。他认为，认同是主体在认定一个形象时，主体自身所发生的转换。很明显，在与镜中形象认同的过程中，婴儿把自己的影像与自己联系起来了，从而，一个根本性的转换发生了：变成了镜中影像，婴儿与自我既是联系的又是分离的、异化的。自我的建构既离不开自身也离不开自我的对应物——他者，而这个“他者”就来自于镜中自我的影像，是自我通过与这个影像的认同实现的。这个镜中的“他者”不是别的任何人，正是婴儿自己根据自恋认同与自我联系起来的镜中自己的影像。[24]

对认同研究的另一条线索是从社会学角度来进行的。按照社会心理学对自我的理解，首先必须把自我置于社会关系中，必须通过人在社会中的行为来研究自我问题。詹姆斯所阐述的人类具有把自己看作客体，进而发展自我感觉和自身之态度的能力的思想，以及其构建的一套包括“物质自我”“社会自我”和“精神自我”的类型学[25]，对库利、米德以及其他后续互动论者都产生了重要的影响。库利的贡献在于修正了詹姆斯的“社会自我”的概念，把自我看作是个体在其社会环境中将自身同他物一起视为客体的过程，并且是在同他人交往或互动的过程中产生的。他还创用“镜中我”（the looking glass self）这一概念，“人们彼此都是一面镜子映照着对方”[26]，表明每个他人都是自我的一面镜子，从中可看到并衡量自身。库利之后，乔治・米德进一步推动了符号互动论的成型。米德认为，自我由“主我”（I）和“客我”（me）组成。虽然“主我”和“客我”是詹姆斯最初提出的两个概念，但在米德那里，“主我”指的是个体的能动倾向，而“客我”则表示群体中他人的态度。他指出，自我的发展主要有嬉戏、团体游戏和“一般化他人”三个阶段，每一阶段都意味着个体从角色领会中获得短期自我想象的演变，也标志着更为稳定的自我概念在进一步明确化。[27]

遵循社会心理学和社会学的理论传统，相关学者对认同问题进行了深入研究和探索，其中社会认同理论成就较突出。社会认同理论起源于欧洲，它是塔弗尔（Tajfel）等人在20世纪70年代提出，并在群体行为的研究中不断发展起来的。80年代中晚期，特纳（Turner）又提出了自我归类理论，进一步完善了这一理论。社会认同理论认为，社会行为不能单从个人心理因素来解释，要全面地理解社会行为，必须研究人们如何构建自己和他人的身份。其基本思想是：个体通过社会分类，对自己的群体产生认同，并产生内群体偏好和外群体偏见；个体通过实现或维持积极的社会认同来提高自尊，积极的自尊来源于内群体和外群体的有利比较；当社会认同受到威胁时，个体会采取各种策略来提高自尊，如社会流动（social mobility）、社会竞争（social competition）、社会创造（social creativity）。[28]简言之，社会认同是由社会分类（social-categorization）、社会比较（social comparison）和积极区分原则（positive distinctiveness）建立的。人们会自动地将事物分门别类，因而将他人分类时会自动地区分内群体和外群体。当人们进行分类时会将自我也纳入这一类别中，将符合内群体的特征赋予自我，这就是一个自我定型的过程。在社会自我概念中，存在着三种重要的自我分类：个人身份（作为个人的自我）、社会身份（社会群体成员中的自我）和物种间身份（作为人类的自我）。[29]在进行群体间比较时，我们倾向于在特定的维度上夸大群体间的差异，而对群体内成员给予更积极的评价。此外，个体为了满足自尊或自我激励的需要而突出某方面的特长，从而使个体在群体比较的相关维度上表现得比其他成员更出色，这就是积极区分原则。[30]可以看出，社会认同是个体自我概念中的一部分，是个体从他所属社会群体的成员以及所接受的价值体系和行为标准所获得的。所以，从社会认同的群际观点来看，社会分类是一种个体界定自己社会位置的方式，是个体社会认同的基础条件。个体的社会认同是其认识到自己属于某一群体，共享某些情感、价值，这些对个体的自我界定极其重要。

社会认同理论以团体分类为依据，从宏观的角度来研究身份，而认同理论以角色获得为依据，从微观的角度来研究身份。这两种认识看似对立，但对于像吉登斯这样的当代西方社会学家而言，它们都是引导其开展对现代性与自我认同的关系进行综合分析的不可或缺的思想来源。[31] 吉登斯探讨了晚期现代性情境下自我认同的新机制。他认为自我认同既不是被给定的，即个人拥有的特性或特性的组合，也不是个体发展中的一个阶段性成果，而是个体依据其生存经验所形成的作为反思性理解的自我。[32]“后现代”的西方社会，个体通过向内用力，通过内在参照系统而形成了自我反思性，人们由此形成自我认同的过程。

本文的核心概念“自我认同”能打通“认同理论”和“社会认同理论”，因为认同理论注重的是角色，社会认同理论注重的是群体，而自我则既受结构型的期望限制（由群体或角色认同决定），另一方面又可以通过自我认同做出某种选择（选择角色）。[33]“社会认同”与“个人认同”是自我概念中的两个成分。[34] 更何况，认同归根到底是讨论“自我”的认同。[35]

在前两种理论的基础上，又衍生出从文化学角度来分析认同。英国文化理论家雷蒙·威廉斯曾说过：“人们的社会地位和认同是由其所处的文化环境所决定的，也就是说文化具有传递认同信息的功能。”[36]“文化认同”成为个人或者集体界定自我、区别他者，以同一感凝聚成拥有共同文化内涵的群体的标志。它是对人们之间或个人同群体之间的共同文化的确认。使用相同的文化符号、遵循共同的文化理念、秉承共有的思维模式和行为规范，是文化认同的依据。[37]

按斯图亚特·霍尔的描述，属性概念的发展经过了三个阶段，一是启蒙运动的主体，此乃个人主义且男性化的属性概念；二是社会学的主体，认为属性是在主体与有意义的他者之互动关系下形成的；三是后现代主体，缺乏固定本质即永久属性。对文化属性的思考也有着两种迥然不同的方式，一种方式强调属性的恒定性、单一性、静态性及持续性；另一种方式则萌生于全球化及后殖民语境中，认为应以情境而非本质来界定属性，强调属性的流动性、差异性、断裂性、习得性等。属性受制于历史、文化与权力的运作或操纵，因此不是固有的本质，而是形成的，它具有双轴性，一轴是类同与延续，另一轴为差异与断裂。[38]

皮特斯（Pieterse）将文化区分为偏安一隅的、停滞不前的、内省的文化和“超越地方的学习过程”的外省的文化。[39] 他认为“内向文化（introverted cultures）”在很长的历史时期处于更突显的地位，使跨地方的文化黯然失色，而现在却渐渐地退居后台；与此同时，由多种不同成分组成的跨地方文化正日益走上前台。所以，人口迁徙和殖民模式，尤其是电子传播带来的近期加速的全球化，促使更多的文化并置、融会和混合，文化作为地方的全部生活方式已不再灵验，按照地方的观点来理解文化和文化身份已经不再合适，按照“游移”的观点才能更好地把握文化和文化身份的概念。然而，由于所有的此地现在都要受到远方的影响，所以晚期现代性日益加速的全球化已经提高了游移隐喻的关联性。[40] 而莫利和罗宾斯认为，虽然全球化是当今社会的主导力量，但是地方文化同样重要。去地方化的进程与新的信息传播技术的发展密切相关，不应该被视作绝对的趋势。地方文化的特征永远不可能消除，永远也不能绝对超越。全球化实际上跟重新本土化的新动态相联，指的是形成全球空间与地方空间错综复杂的新关系。通俗地讲，“全球化就像是拼凑七巧板：将多种多样的地方插到新的全球体系这幅大图画之中”，“把地方看成是个相关的、相对的概念，这很重要”。全球与地方是两个相对的概念，地方与全球相伴相生。[41]

文化认同是一种“自我认同”，其原因在于以下几点：其一，文化的精神内涵对应于人的存在的生命意义建构，其伦理内涵对人的存在作出价值论证。其二，文化是一种“根”，它先于具体的个体，通过民族特性的遗传，以“集体无意识”的形式先天就给个体的精神结构型构了某种“原型”。个体在社会化后，生活于这种原型所对应的文化情境之中，很自然地表现出一种文化上的连续性。即使这种连续性出现断裂，人也可以通过“集体无意识”的支配和已化为行为举止一部分的符号而对之加以认同。其三，文化认同与族群认同、血缘认同等是重叠的。一个具有历史连续性的文化共同体同时也是一个地缘、血缘共同体，它们将人的各种认同融合其中，避免了这些不同的认同之间因相异特性而发生的矛盾甚至冲突。“文化”的这种特性实际上使它嵌入了人的存在内核，对这种文化的否定，在心理上实际上已等同于对个体和共同体的存在价值的否定。[42]

二、研究综述

（一）关于“大学生微博”的研究

目前国内关于大学生微博的文献中，绝大部分是从思想政治教育角度谈微博对大学生的影响和冲击以及微博在高校思想政治教育中的作用。如吴学满认为，微博发挥着传播思想和建构观念的价值观导向功能，冲击着当代大学生的价值观。[43]尹晓敏认为微博信息传播的独特性对大学生的思想政治教育产生了现实的挑战，高校思想政治工作者应当积极应对挑战，利用微博网络平台有效拓展大学生思想政治教育的新阵地。[44]吴勇指出，可通过微博这一交流平台，从改进思想政治教育传播技巧、提高网络媒介素养、发挥“意见领袖”作用等方面拓展大学生思想政治教育新阵地。[45]张辉探讨了如何引导大学生正确使用微博，以及网络环境中的媒介素养教育如何进行。[46]也有极少数作者对大学生微博使用情况进行了调查分析，极个别的还初步分析了大学生使用微博的原因，以及微博在大学生就业中的价值。

（二）关于“大学生自我认同”的研究

关于大学生自我认同的研究不多，且存在的突出问题是大多数侧重从心理学维度、思想政治教育维度进行研究，而忽视社会学或文化学维度的研究，特别是多学科维度的综合研究。并且，研究中大多采用的是国外的大学生素质测评量表，从而使研究成果并不具有很强的针对性和可行性。

敖洁、邓治文、岳丽英等人对 414 名在校大学生和 24 名研究生进行问卷调查，对所得数据进行回归分析和多元统计分析，结果显示：目前有 53% 的大学生尚未形成稳定成熟的自我认同；性别、年龄、年级、专业、政治身份、生源、民族等人口统计学因素无论是对整体自我认同，还是对第一层面的自我认同，都有影响。[47]孔祥娜的《大学生自我认同感和疏离感的研究》[48]从心理学角度，采用国外学者编制的自我认同量表和国内学者编制的疏离感量表，对烟台市 100 多名大学生进行调查所得出的结论，缺乏针对性、有效性和普适性；桂守才等的

《大学生自我认同感的差异》[49] 从心理学角度，通过访谈法自编大学生自我认同感调查问卷，对某大学 100 名在校本科学生进行调查，得出了大学生的性别差异、文理科差异和城乡差异，有一定现实针对性，但局限于一所大学，普适性不够。施晶晖的《大学生自我认同危机析因》[50] 一文是从个体心理层面来挖掘大学生自我认同危机的原因，最后开的药方还是重在加强大学生心理健康教育。李波等从心理学角度研究了重大生活事件——“非典”对大学生自尊和自我效能所产生的影响，“非典”虽然对青少年的生活学习造成了相当的消极影响，但从心理发展的角度却有一定的积极作用。它提供了一个契机，使大学生能够更加深入地反思，对自己是怎样的一个人、对自己能力的判断有了更加深入和全面的认识。[51]

张晓宏的《论大学生自我同一性危机及其调适》[52] 从大学生的自我同一性整合的四种类型阐述了自我同一性危机的特征，但在大学生自我同一性调适上仅提到家庭、学校、学生个体的努力，而忽视了社会大环境的重大影响；江琴的系列文章 [53]《当代大学生自我认同危机省思》《当代大学生自我认同重构》《当代大学生自我认同危机的成因分析》及硕士论文《当代大学生自我认同危机研究——以广东高校为例》均是从思想政治教育角度来行文的，而且局限于广东地区，具有地方特色，不能推广于全国。

（三）关于“微博与认同”的研究

国外已有一些文章涉及微博中的认同问题。格鲁兹德（Gruzd）等人认为“twitter”是网络人际社区形成的基础，能使人产生“共同”感。[54] 扎帕维格娜（Zappavigna）从语言学角度分析了微博博主如何运用语言在微博中建立关系密切的共同体。[55] 纳丁（Nadine）和马尔科（Marco）等人运用定量法考察了微博博主如何表达社会认同，研究发现，微博博主根据自己所交谈的对象来改变其语言特色，对象不同，所采取的语言也不同。[56] 亚迪（Yardi）的研究表明，志趣相投的人们之间的对答会加强群体认同，而想法不同的人们之间的应答会加强内群体与外群体的联系。[57] 沃尔顿（Walton）和罗纳德（Ronald）运用定量分析法分析了 3 751 篇微博，研究表明，微博博主的微博使用实践受博主性别、认同和它们交互关系的影响。[58] 埃里克森（Erickson）运用归纳法和民族志访谈，比较了“twitter”和“Jieku”两社区的不同："Jieku"社区靠围绕主题的谈话建立共同的纽带关系；而"twitter"靠其高度的相关性强化人们对本社区共同地域的关注，从而形成共同的纽带关系。[59]

国内只有极少数学者关注此问题。张碧红认为，微博补偿性地强化了人们对于网络虚拟社区的认同。[60]陈华明的第一篇文章对微博个体认同中出现的新特点、新形式、新诉求进行了理论探索与总结，认为其呈现静态"内观"与动态分裂的特征。[61]他的第二篇文章则着眼于群体认同，认为微博以其技术特性将群体认同的方式与类型大大扩展，出现群极化趋势。[62]其第三篇文章则侧重于文化认同，认为微博加深了后现代文化的影响力，使之成为现代个体呈现自我的主要文化背景。[63]

尚无人将"大学生微博"与"大学生自我认同"联系起来进行研究，也无人对大学生微博进行文本分析，这使得本文具有了原创意义。

总的来说，基于以雪莉·特克为代表的学者大多从完全匿名的网络游戏、虚拟聊天室等来谈网络用户的认同问题，本文试图尝试探索在"实名制下的微博"这样一个个人平台，大学生如何建构他们的自我认同。

第三节　研究对象、方法、思路及伦理

一、研究对象

既然在人的一生中，人的自我认同危机出现于青春期[64]，又因为大学生在微博中的比例与在网民中的比例相一致，故笔者将研究对象锁定为大学生。新浪微博的大学校园用户数逾 3 000 万[65]，毫无疑问，它为本文的研究提供了便利，而且提供了丰富的原材料，所以本文将新浪微博作为观察的"田野"。新浪微博"名人堂"里有关大学生所写的微博（文字微博中镶嵌的图片、视频也在考察之列）是本研究重点考察的研究单位。

此外还需说明的是，本文中的"微博"是"微型博客"的简称，是只能容纳

140 字的网络日志。“大学生微博”就是大学生在校期间所写的网络日志。考虑到“微博”涉及的人既是传播主体，同时又互为传播对象，既是发表者，又是阅读者，因而，为避免术语的混乱，本文用“微博作者”指代写微博的人，用“微博读者”指代阅读微博的人。微博作者可链接他人的微博以及受众的评论和反馈，使个人经常将他人的微博加入自己的微博，从而建立起微博的网络，被称为“微博空间”[66]。

二、研究方法

一般而言，传播学研究范式主要分为定量研究和定性研究两种。定量研究一词用于形容源自自然科学，现在被广泛用于社会科学研究的各种方法，它基于数字信息或者数量的方法，并以与统计分析紧密相关为特征。[67]20 世纪的科学和政治文化，因为受实践层面的关系，研究多半是以量化方式出现。具体到 20 世纪 40 年代兴起的传播学科，由于受当时社会科学主流研究量化方法的影响，传播学界一直遵循量化的实证主义传统，进行实以致用的传播效果量化研究，这以大众传播研究中的美国传统最为典型。与之相反，定性研究是给予一系列主要关注意义、阐释的研究范式的名称，它的方法大部分起源于文学研究和阐释学，因此具有典型的人文学科特征，它包含叙事分析、焦点小组和访谈等途径。[68] 定性研究始于 20 世纪 60 年代，受到当时社会科学不同理论学派的影响，人文学科开始“质化转向”（即传播转向），“采用了多种研究方法和创造理论的方法，包括一些不成系统的方法和选择性的方法”，研究媒体对日常生活的意义建构及其在引导社会行为方面的重要性。因此，和经验主义的定量方法相比较，定性研究方法是一种突显现象之间本质差异（区别性性质）的研究方法，它经常通过理论上持对立立场的双方的争论来形成对观点的评价。[69]

基于此，本论文主要采用定性方法对大学生在微博中如何建构自我认同进行探讨式地分析、阐释和论证。以下方法及其运用始终贯穿全文。

（一）“虚拟”田野观察

在现实社会情境的研究过程中，参与观察研究者或者仅仅是一陌生人的在场，都会使所观察的群体成员行为产生相应反应，以至于可能无意识地改变了日常行为。即使以完全参与者身份进行观察，也不能完全解决这一问题带来的负面影响。

本研究可以先天地解决以上研究方法上的问题。因为微博本来就允许陌生人访问，无所谓陌生人的存在对行为产生影响的问题。无论研究者以“访客”身份还是以“会员”身份进入他人微博都不会影响其博文的撰写。相对现实情境下的参与观察研究而言，这是一种纯粹的没有被研究者的存在本身所破坏的“自然场景”状态。在微博中，研究者本人既可以是“完全的参与者”，又可以是一个“作为观察者的参与者”或者完全的旁观者，无论以哪种角度进入微博都会获得“自然”状态下的资料。这与现实中的参与观察研究不同，因为在后者情况下，研究者无论以什么身份进入现场，都必须参与到对象群体活动中去，甚至要从群体成员口中直接获得信息。而本研究则完全可以将这些技术上的过程省略。

（二）文本分析

对大学生的个人微博进行深入细致的文本解读，除对其大学期间的微博精读外，还对其大学前、毕业后（如果已毕业）的微博进行参照式阅读，因为这样可看出个人思想和行为的连续性。通过精读，提炼出主题，阐述其与自我认同建构的内在联系。还对大学生微博空间的设计以及上传的照片、图片、视频进行剖析，因为这些也是大学生自我认同建构不可少的元素。

（三）案例研究

案例研究是一种常用的定性研究方法，被用于医学、社会学、人类学、管理学、历史学等诸多领域。案例研究法适合用于研究发生在当代但无法对相关因素进行控制的事件。[70] 一般来说，案例研究适用于以下三种情境：①需要回答“怎么样”“为什么”时；②研究者几乎无法控制研究对象时；③关注的重心是当前现实生活中的实际问题时。[71]

梅里亚姆（Merriam）总结了案例研究的四个根本特征：针对性（它总是针对某一特定情况、时间、计划或现象，因此它是研究实际现实问题非常好的方法），描述性（其最终成果是对研究对象的详细而具体的描述），启发性（使人们更好地认识被研究的问题），归纳性（绝大部分案例研究依靠的是归纳推理）。[72]人们之所以会采用案例研究法在于“这种方法适合对现实中某一复杂和具体的问题进行深入和全面的考察；通过案例研究人们可以对某些现象、事物进行描述和探索；案例研究还可使人们建立新的理论，或对现存理论进行检验、发展或修改”[73]。罗伯特·K. 殷将案例研究法分为探索性、解释性、描述性三种类型[74]，罗伯特·E. 斯泰克则将其区分为本质性、工具性、集合性三种[75]。

本论文通过观察大量个例以研究整个群体现象，因此也是一种“集合性”案例研究。本论文在考察大学生如何建构“本我”“现实我”“理想我”时主要采取解释性案例法，另外也采用了描述性案例法来论述个人对地方共同体的建构，而在“国庆”“钓鱼岛事件”中则采取描述性与解释性相结合的案例法。本文选取案例主要基于最新性、可代表性、可接近性和灵活性原则。

三、研究思路

绪论主要说明选题缘起及意义，梳理理论路径及国内外相关研究，明确研究对象、方法、行文思路，解释伦理道德问题。

第二章“大学生微博与大学生自我认同建构”，主要交代大学生微博的现状及原因，以及微博对大学生自我认同建构的作用。意在表明大学生使用微博的典型性，交代为什么选用大学生微博来考察大学生自我认同建构。遵循关于自我认同研究的心理学、社会学、文化学的理论路径，以及微博是大学生心路历程的反映，其心理又不可避免地打上社会和文化的烙印，因而下面的篇章分别从心理层面、社会层面和文化层面来考察大学生在微博中如何建构自我认同，即自我的建构、角色的确认和文化的皈依。

第三章“自我的建构”，强调微博是实名制下的个人平台，通过它所建构的自我不同于以往研究者所得出的网络自我是单一、片断化自我的结论，而是本我、现实我、理想我三者兼而有之，是全面、完整、系统的自我。利用匿名、实名的作用，自我揭露、自我叙事的心理，以及戈夫曼的“前后台”及“印象管理”理论，本章重点阐释了大学生如何建构本我、现实我与理想我。

第四章“角色的确认”，选取了与大学生密切相关的两种角色（“大学生”“小资”）来分析大学生如何建构自我认同，即大学生如何进行定位来明确目标和方向，如何通过显露自己的“情调”与“品位”来建构自己对“小资阶层”的主观认同。

第五章“文化的皈依”，考察了在传统与现代、本土与全球的多重文化影响下，大学生如何建构起对自己传统家乡、自己民族国家的认同，意在表明大学生对文化的认同是一种开放的多元化的认同。

结语是对全文的总结与升华，意在突出微博是大学生目前建构自我认同的个人平台，它便于建构全面、完整、系统的自我，现实生活中大学生没有媒体来立言，他们就利用微博来发声，他们在微博中的自我认同建构是一种主动的建构。

四、研究伦理

现实研究中，研究者可以通过直接向被研究者提出承诺，而获得许可。但虚拟参与观察中，尤其是“完全参与者”进入现场的参与观察，由于研究者的身份完全“隐匿”，整个观察中被研究者并不知道自己正被观察。如此尽管可以获得完全自然、真实的资料，其道德问题也是最突出的。[76] 因为被研究者是在非自愿的情况下被研究和观察的。

但帕卡涅拉（Paccagnella）等学者认为，电脑交流中的公众话语是公开的，因此这些信息是个人的但不是私人属性的。如此，对这些所谓公开的个人信息的分析也就无需获得许可。[77] 微博与私人信件不同，在不设限的情况下，它是一种展现给公众的公共行为，任何人都可以阅读。当然这不意味着本研究可以不受限制地利用这些信息，只是意味着不必像日常生活中那样严格要求。本研究可以郑重承诺：所获得的微博资料只运用于纯粹的学术研究而非个人目的。

为尊重他人隐私，本研究一律采用化名，所引大学生的微博均从新浪网所得，在无特别需要的情况下，不再另外加注。

注释：

[1] [美]埃里克·H. 埃里克森. 同一性：青少年与危机[M]. 孙名之. 杭州：浙江教育出版社，1998.

[2] Van Halen, C., & Janssen, J. (2004). The usage of space in dialogical self-construction: From Dante to cyberspace. An International Journal of Theory and Research, 4(4):392.

[3] [加]查尔斯·泰勒. 现代性之隐忧[M]. 程炼. 北京：中央编译出版社，2001：55.

[4] [加]查尔斯·泰勒. 现代认同：在自我中寻找人的本性[J]. 求是学刊，2005, 32(5):15.

[5] Van Halen, C., & Janssen, J. (2004). The usage of space in dialogical self-construction: From Dante to cyberspace. An International Journal of Theory and Research, 4(4): 392.

[6] [英]安东尼·吉登斯. 现代性的后果[M]. 田禾. 北京：译林出版社，2000.

[英]安东尼·吉登斯. 现代性与自我认同：现代晚期的自我与社会[M]. 赵旭东，方文. 北京：生活·读书·新知三联书店，1998.

[7] 杜骏飞. 网络传播概论[M]. 福州：福建人民出版社，2004:146.

[8] 杜骏飞. 网络传播概论[M]. 福州：福建人民出版社，2004:147.

[9] Mcmillan, S. J., & Morrison, M. (2006). Coming of age with the internet: A qualitative exploration of how the internet has become an integral part of young people's lives. New media & society, 8(1):74-75.

[10] Hargittai, E., & Hinnant, A. (2008). Digital inequality differences in young adults' use of the internet. Communication Research, 35(5): 602-621.

[11] 中国互联网络信息中心. 第20次中国互联网络发展状况统计报告[EB/OL]. http://www.cnnic.cn/uploadfiles/pdf/2007/7/18/113918.pdf.

[12] 中国互联网络信息中心. 第21次中国互联网络发展状况统计报告[EB/OL]. http://www.cnnic.cn/uploadfiles/pdf/2008/1/17/104156.pdf.

[13] 中国互联网络信息中心. 第 22 次中国互联网络发展状况统计报告 [EB/OL]. http://www.cnnic.cn/uploadfiles/pdf/2008/7/23/170516.pdf.

[14] 中国互联网络信息中心. 第 37 次中国互联网络发展状况统计报告 [EB/OL]. http://www.cnnic.cn/uploadfiles/pdf/2008/7/23/170516.pdf.

[15] 中国新闻网. 中国超 3000 万大学生使用微博 愿与人分享生活点滴 [EB/OL]. http://www.chinanews.com/it/2013/08-19/5180344.shtml,2013-08-19 19:27.

[16] 2015 上半年中国校园微博发展报告 [EB/OL]. http://www.chinaz.com/manage/2015/0825/438012.shtml,2015-08-25 09:22.

[17] Miura, A., & Yamashita, K. (2007). Psychological and social influences on blog writing: An online survey of blog authors in Japan. Journal of Computer-Mediated Communication, 12(4): 1452-1471.

[18] 杜骏飞. 网络传播概论 [M]. 福州：福建人民出版社，2004:358.

[19] 车文博. 弗洛伊德主义原理选辑 [M]. 沈阳：辽宁人民出版社，1988:3.

[20] 弗洛伊德. 自我与本我. 弗洛伊德后期著作选 [M]. 林尘等. 上海：上海译文出版社，1986.

[21] 周晓虹. 认同理论：社会学与心理学的分析路径 [J]. 社会科学，2008(4):46.

[22] [美] 埃里克 • H. 埃里克森. 同一性：青少年与危机 [M]. 孙名之. 杭州：浙江教育出版社，1998.

[23] 雷雳，陈猛. 互联网使用与青少年自我认同的生态关系 [J]. 心理科学进展，2005,13(2): 170.

[24] 刘文. 拉康的镜像理论与自我的建构 [J]. 学术交流，2006(7):24-27.

[25] [美] 乔纳森 • H. 特纳. 社会学理论的结构 [M]. 邱泽奇，张茂元等. 北京：华夏出版社，2006:324.

[26] [美] 查尔斯 • 霍顿 • 库利. 人类本性与社会秩序 [M]. 包凡一，王源. 北京：华夏出版社，1999:131.

[27] [美] 乔治 • 赫伯特 • 米德. 心灵、自我与社会 [M]. 霍桂桓. 北京：华夏出版社，1999.

[28] Ainhoa de Federico de la Rúa. (2007). Networks and identifications: A relational

approach to social identities. International Sociology, 22(6):683-699.

[29] Yao, M. Z., & Flanagin, A. J. (2006). A self-awareness approach to computer-mediated communication. Computers in Human Behavior, 22(3):518-525.

[30] 张莹瑞，佐斌. 社会认同理论及其发展 [J]. 心理科学进展，2006, 14(1): 475-476.

[31] 汪和建. 解读中国人的关系认同 [J]. 探索与争鸣，2007(12):32-33.

[32] [英] 安东尼·吉登斯. 现代性与自我认同：现代晚期的自我与社会 [M]. 赵旭东，方文. 北京：生活·读书·新知三联书店，1998:58-59.

[33] 周晓虹. 认同理论：社会学与心理学的分析路径 [J]. 社会科学，2008(4):53.

[34] 高一虹，李玉霞，边永卫. 从结构观到建构观：语言与认同研究综观 [J]. 语言教学与研究，2008(1).

[35] 王成兵. 当代认同危机的人学解读 [M]. 北京：中国社会科学出版社，2004:8.

[36] 刘杏玲，吴满意. 区域一体化过程中的文化认同研究综述 [J]. 电子科技大学学报，2008(1):69.

[37] 崔新建. 文化认同及其根源 [J]. 北京师范大学学报，2004(4):103-104.

[38] 朱立立. 身份认同与华文文学研究 [M]. 上海：三联书店出版社，2008:120.

[39] 刘建明. 文化全球化与地方文化认同 [J]. 湖北大学学报，2005(4):460.

[40] 刘建明. 文化全球化与地方文化认同 [J]. 湖北大学学报，2005(4):460.

[41] 转引自刘建明. 文化全球化与地方文化认同 [J]. 湖北大学学报，2005(4):461.

[42] 石勇. “自我”与文化认同 [EB/OL]. http://www.comment-cn.net/data/2006/0623/article_10506.html, 2006-6-23.

[43] 吴学满. 微博对当代大学生价值观的冲击及对策 [J]. 河南师范大学学报，2011 (4).

[44] 尹晓敏. 微博兴起背景下大学生思想政治教育的挑战与应对 [J]. 思想教育研究，2011 (2).

[45] 吴勇. 微博：大学生思想政治教育的新载体 [J]. 广西社会科学，2011(8).

[46] 张辉，张承承. 微博时代大学生媒介素养新要求 [J]. 中国报业，

2011(02):28-29.

[47] 敖洁，邓治文，岳丽英. 大学生自我认同的状况与特征研究 [J]. 教育研究与实验，2009(3).

[48] 孔祥娜. 大学生自我认同感和疏离感的研究 [J]. 河西学院学报，2005(3).

[49] 桂守才，王道阳，姚本先. 大学生自我认同感的差异 [J]. 心理科学，2007，30(4).

[50] 施晶晖. 大学生自我认同危机析因 [J]. 江西科技师范学院学报，2003(6).

[51] 李波，李林英，安芹，贾晓明. 重大危机生活事件对大学生心理成长的影响——非典对大学生自我认同的影响 [J]. 中国健康心理学杂志，2005(1).

[52] 张晓宏. 论大学生自我同一性危机及其调适 [J]. 高等教育研究，2005(2).

[53] 江琴. 当代大学生自我认同危机省思 [J]. 桂林师范高等专科学校学报，2007(1)；江琴. 当代大学生自我认同重构 [J]. 山东省农业管理干部学院学报，2007(2)；江琴. 当代大学生自我认同危机的成因分析 [J]. 赤峰学院学报，2009(3)；江琴. 当代大学生自我认同危机研究——以广东高校为例 [D]. 广州：华南师范大学，2007.

[54] Gruzd, A., Wellman, B., & Takhteyev, A. Y. (2011). Imagining Twitter as an Imagined Community. American Behavioral Scientist, 55(10):1294-1318.

[55] Zappavigna, M. (2011). Ambient affiliation: A linguistic perspective on Twitter. New Media & Society, 13(5):788-806.

[56] N. Tamburrini et al (2015). Twitter users change word usage according to conversation-partner social identity. Social Networks, 40:84-89.

[57] Yardi, S., & Boyd, D. (2010). Dynamic debates: An analysis of group polarization over time on Twitter. Bulletin of Science Technology & Society, 30:316-327.

[58] S. Walton, R.E. Rice (2013).Mediated disclosure on Twitter: The roles of gender and identity in boundary impermeability, valence, disclosure, and stage. Computers in Human Behavior, 29:1465-1474.

[59] Erickson, I. (2010). Geography and Community: New forms of interaction among people and places. American Behavioral Scientist, 53(8):1194-1207.

[60] 张碧红. 从媒介工具化到媒介社会化——微博的个体表达与社会影响 [J]. 学术研究，2012(6).

[61] 陈华明，李畅. 微博中的个体认同：静态“内观”与动态分裂 [J]. 四川大学学报，2011(4).

[62] 陈华明，李畅. 个体群组关系的构建：微博中的群体认同研究 [J]. 四川大学学报，2012(3).

[63] 陈华明，李畅. 被深化的后现代文化——微博的文化认同研究 [J]. 四川师范大学学报，2012(4).

[64] [美] 埃里克·H. 埃里克森. 同一性：青少年与危机 [M]. 孙名之. 杭州：浙江教育出版社，1998.

[65] 中国新闻网. 中国超 3000 万大学生使用微博 愿与人分享生活点滴 [EB/OL]. http://www.chinanews.com/it/2013/08-19/5180344.shtml,2013-08-19 19:27.

[66] Van Doorn, N., Van Zoonen, L., & Wyatt, S. (2007). Writing from experience: Presentations of gender identity on weblogs. European Journal of Women’s Studies, 14(2):147.

[67] [英]Jane Stokes. 媒介与文化研究方法 [M]. 黄红宇，曾妮. 上海：复旦大学出版社，2006:3.

[68] [英]Jane Stokes. 媒介与文化研究方法 [M]. 黄红宇，曾妮. 上海：复旦大学出版社，2006:3-4.

[69] [美] 斯坦利·巴兰，丹尼斯·戴维斯. 大众传播理论：基础、争鸣与未来 [M]. 曹书乐. 北京：清华大学出版社，2004:226.

[70] [美] 罗伯特·K. 殷. 导论. 案例研究：设计与方法 [M]. 周海涛. 重庆：重庆大学出版社，2004:10.

[71] [美] 罗伯特·K. 殷. 导论. 案例研究：设计与方法 [M]. 周海涛. 重庆：重庆大学出版社，2004:2.

[72] [美] 罗杰·D. 维曼，约瑟夫·R. 多米尼克. 大众媒介研究导论 [M]. 金兼斌等. 北京：清华大学出版社，2005:138.

[73] 孙海法，朱莹楚. 案例研究法的理论与应用 [J]. 科学管理研究，2004(1).

[74] [美] 罗伯特·K. 殷. 案例研究：设计与方法 [M]. 周海涛. 重庆：重庆大

学出版社，2004:5.

[75] [美]罗伯特·E. 斯泰克. 个案研究[A]. 见：[美]诺曼·K. 邓津，伊冯娜·S. 林肯. 定性研究：策略与艺术[M]. 风笑天等. 重庆大学出版社，2007: 467-468.

[76] 袁方. 社会研究方法教程[M]. 北京：北京大学出版社，1997: 346-348.

[77] 郑中玉. 网络聊天的社会语言机制[A]. 见：何明升，白淑英. 网络互动——从技术幻境到生活世界[M]. 北京：中国社会科学出版社，2008: 188.

第二章　微博：大学生自我认同建构的平台

微博是新传播技术发展的产物，更进一步说是网络由 web1.0 升级为 web2.0 的结果。统计研究表明，年轻的在校大学生在微博作者和读者中都占有很大的比重。与传统的面对面传播、日记本，以及后来兴起的 E-mail、BBS、ICQ、personal homepage、博客等网络工具相比，微博吸纳了它们各自的优点，而弥补了它们的缺点，其私人性与公共性使得它更有助于大学生对自我认同的建构，更能反映出大学生如何建构自我认同。

第一节　大学生微博的现状

历史上，传播技术每一次突破性的进展都会促使新媒介的诞生。在最初的传播历史中，媒介表现为语音、语言和一些简单的符号等形式。随着造纸技术和印刷机的发明，印刷媒介正式诞生。19 世纪，传播科技迅猛发展，电报、电话技术的发明导致了电子媒介的出现；无线电技术的发展与光电效应的发现，促使广播电视加入电子媒介的阵营。20 世纪 70 年代，随着太空技术的运用，卫星直播电视出现。20 世纪的最后十余年科技更是日新月异，信息技术也不断更新提速，数码技术、光纤卫星通讯技术、电脑网络技术大放异彩。在所有这些技术逐渐走向融合和协调的基础上，世界性的因特网迅速崛起，被公认为是继报刊、广播、电视之后的第四媒体，是媒介进化史上新的里程碑[1]。

中国于1994年迈入互联网世界的大门[2]。1996年，“网络”概念开始在中国普及。2001年以后，因特网的应用在中国已经十分普遍[3]。截至2008年年底，中国网民规模达到2.98亿人，较2007年增长41.9%，互联网普及率达到22.6%，略高于全球平均水平（21.9%）。继2008年6月中国网民规模超过美国，成为全球第一之后，中国的互联网普及再次实现飞跃，赶上并超过了全球平均水平（见图2-1）。[4]截至2015年12月，我国网民规模达6.88亿，全年共计新增网民3951万人。互联网普及率为50.3%，较2014年底提升了2.4个百分点（见图2-2）。[5]

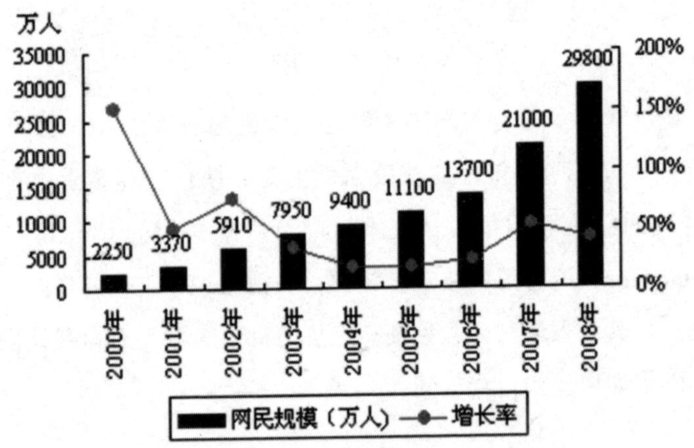

图2-1　2000—2008年中国网民规模与增长率

（资料来源：http://www.cnnic.com.cn）

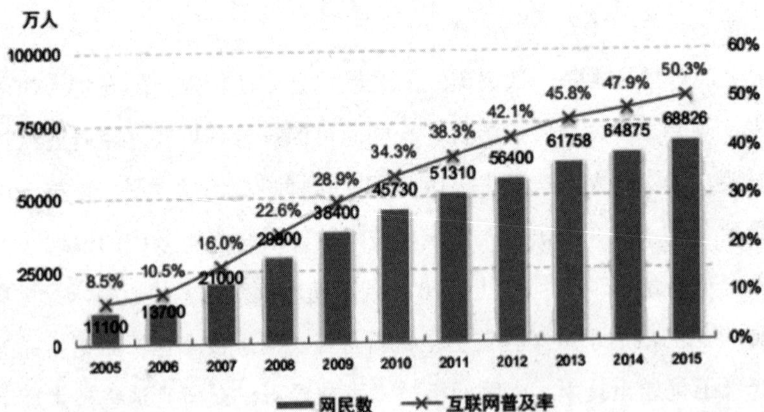

图2-2　中国网民规模和互联网普及率

（资料来源：http://www.cnnic.com.cn）

随着技术的更进一步发展（如 RSS、Ajax、TAG、SNS），互联网由 1.0 进入 2.0 时代，相对 Web1.0 而言，Web2.0 是一次从外部应用到核心内容的变化，具体地说，从模式上是单纯的"读"向"写""共同建设"发展；从基本构成单元上，是由"网页"向"发表 / 记录的信息"发展；从工具上，是由互联网浏览器向各类浏览器、RSS 阅读器等内容发展；运行机制上，由"Client/Server（客户端 / 服务器）"向"Web Services（web 功能）"转变；内容建立者由程序员等专业人士向全部普通用户发展；应用领域则由初级的"滑稽"的应用转向大量成熟应用（见表 2-1）[6]。

表 2-1　web1.0 与 web2.0 的区别（Jim Cuene，2005）

	Web1.0（1993—2003）	Web2.0（2003—未来）
	通过浏览器浏览网页	网页，以及许多通过 web 分享的其他内容，更为互动，更有应用功能而不仅仅是一个网页
模式	读取	写入
主要内容单元	网页	发表 / 记录的信息
形态	静态	动态
浏览方式	互联网浏览器	各类浏览器、RSS 阅读器、其他
体系结构	客户端 / 服务器（Client/server）	网络服务（Web services）
内容建立者	网络程序员	任何人
应用领域	电脑高水平"玩家"	大量业余人士

（资料来源：Jim C (2005). Web2.0: Is it a whole new internet? http://cuene.typepad.com/MiMA.1.ppt.2005-05-18.）

随着 Web2.0 的突飞猛进，被称为继 E-mail、BBS、QQ、博客之后的第五种网络交流方式的微博迅速崛起。

国内外的调查研究表明，无论是网民还是微博作者和读者中，在校大学生都占有很大的比重，可代表主要的网民群体。皮尤因特网与美国生活项目对大学生使用因特网的情况作了调查研究，其研究表明，大学生比一般人更容易上网，几乎 100% 的学生都与网络有关。[7] 据网络使用人口普查来看，国外的网络用户大多是在校的 18 ～ 29 岁的年轻人，大大高于其他年龄段。[8] 中国互联网络信息中心（CNNIC）2007 年 7 月发布的第 20 次《中国互联网络发展状况统计报告》显示，在校大学生（包括大专、本科、硕士、博士）网民超过 4 成（43.9%）。这些网民中，又有一半是本科及以上学历（23.8%）[9]。在第 21 次统计报告中，在校大学生比例也达 36.2%，其次是高中生，比例为 36%。[10] 在第 22 次统计报告中，“中国网民的主体仍旧是 30 岁及以下的年轻群体，这一网民群体占到中国网民的 68.6%，超过网民总数的 2/3”[11]。在最近的 37 次统计中，截至 2015 年 12 月，我国网民以 10 ～ 39 岁群体为主，占整体的 75.1%：其中 20 ～ 29 岁年龄段的网民占比最高，达 29.9%，10 ～ 19 岁、30 ～ 39 岁群体占比分别为 21.4%、23.8%。[12] 这说明大学生是各重点群体中最稳定、最为活跃的一个，由于身心的成熟，大学生群体的网络信任感最高。

2013 年 8 月 19 日，全国大学生新媒体发展论坛在京召开。论坛上，北京团市委与中科院心理所、新浪微博联合，发布《中国大学生微博发展报告》。报告提到，截至 2013 年 6 月底，单是新浪微博的大学校园用户数已逾 3000 万，高校日使用用户超过 1000 万。[13] 而至 2015 年 6 月底，新浪微博中可明确识别学生身份的用户，共有在校大学生（含海外用户）37 760 362 人（占比 72.52%），在校高中生用户共有 14 305 188 人（占比 27.48%），两者共计 52 065 550 人。2015 年上半年迎来增长的高峰期，2015 年 6 月底相比于 2014 年 12 月底用户总体增幅为 23.37%。微博学生用户随年龄增大用户数量越多，其中 22 岁用户占比 16.55%，15 岁用户占比 8.25%，两者相差 8.3 个百分点。从活跃率来看，20 岁的学生用户活跃率最高，为 31.51%，其次为 19 岁用户、21 岁用户和 22 岁用户。统计发现，从 15 ～ 35 岁用户所有年龄段的活跃情况来看，学生用户活跃率明显高于非学生用户，活跃度呈现年轻化特征。[14]

第二节　大学生热衷写博的原因

使用与满足理论认为，受众不再是过去媒介内容的被动接受者，而是一个积极地寻求满足的人，受众有自己的主动性，他们会通过使用媒体来满足自己的各种需要。对于传统媒体是如此，对于网络也是如此。网络为用户提供了富裕的环境，用户可接触不同的人，发现多种多样的信息，并与不同的人进行互动[15]；而对于微博来说更是如此。微博就像一块“自留地”、一间“卧室”，它的主人可以在此“种花”“养草”“装修”“生活”。在这里，作者既可以“自言自语”，也可以与他人对话，不管是“自言自语”还是与他人对话，最主要的是主人能从中获得一种需要的满足，而这是在传统媒体中难以获得的。虽说目前的大众媒体与以前相比，的确为满足受众的需要付出了很多的努力，有的甚至为了迎合受众而走向媚俗的道路，但归根结底，主动权还是操纵在记者、编辑、主持人手中，而且所针对的需要，也只是大众的需要，而非单个个体的需要；而在微博中，“我的微博我做主”，写博的个体是真正的主人，他可以发出自己的声音，而无需记者、编辑、主持人传达；而且，他所获得的需要，是纯粹自己的需要，而不是普遍同类人的需要。美国未来学家尼葛洛庞帝曾在《数字化生存》中说：“后信息时代的根本特征是真正的个人化”，“个人不再被埋没在普遍性中，或作为人口统计学中的一个子集，网络空间的发展所寻求的是给普通人以表达自己需要和希望的机会”。[16]

人类心理学家马斯洛认为，人有生理的、安全的、社会的、自尊的和自我实现的五种需要，而且高层次的需要只有在低层次需要得以满足的基础上才能得以实现。网络社区专家埃米•乔基姆（Amy Jo Kim）运用马斯洛的线下“需求五层次”[17]阐明了网络参与者的目标和需求（见表 2-2）。

表 2–2　网络社区中的马斯洛需求等级

等级推进	需要	线下（马斯洛）	网络社区
↓	**生理的**	衣、食、住所、健康	系统进入，参与网络社区时能拥有和维持个人身份
↓	**安全的**	免于犯罪和战争，所在的社会能给人以公平和公正感	免于黑客和个人攻击，有公平竞争感，能保护各种隐私
↓	**社会的**	给予和接受爱的能力，有群体归属感	归属于整个社区，归属于社区内的亚群体
↓	**自尊的**	自我尊重，能赢得他人尊重，为社会做贡献	能为社区做贡献，并因所作出的贡献而获得荣誉
↓	**自我实现的**	能发展个人技能和实现个人潜力	能因担任社区角色而发展技能和开创新机会

资料来源： Bowman, S., & Willis, C. (2003). *We Media: How audiences are shaping the future of news and information* (pp.39). http:www.hypergene.net/wemedia/.

Amy Jo Kim 的“网络社区中的马斯洛需求等级”虽说是针对网络社区的，但对于研究网络中的微博来说，也有借鉴和参考价值。通过对大学生的访谈，对其微博的考察，再结合 Amy Jo Kim 的“网络社区中的马斯洛需求等级”，笔者认为大学生在微博写作中能满足自己的五大需要，当然，不排除一个人也可能有多种需要。

一、追求时尚与休闲

“时尚”（fashion）一词，可拆解为“时期”和“风尚”，从词语的层面可解释为“在一定时期中社会上流行的风气和习惯”[18]。1999 年新版的《辞海》中解释为：“一种外表行为模式的流传现象。如在服饰、语言、文艺、宗教等方面的新奇事物往往迅速被人们采用、模仿和推广。表达人们对美的爱好和欣赏，或借此发泄个人内心被压抑的情绪。属于人类行为的文化模式的范畴。时尚可看作习俗的变动形态，习俗可看作时尚的固定形态。”[19]“时尚”不仅是一种行为模式，它更是一种流行的生活方式，从发型、服装、语言、姿态、职业等各个方面规定着人的生活是否合乎潮流（in fashion）[20]。

当代大学生是在改革开放和市场经济条件下成长起来的一代，他们从小生活在汉堡、可乐、卡通、电脑所营造的环境中，观念前卫，生活多彩。他们思想活跃、敏锐，具有信息灵通、追求个性、表现自我、情感丰富等心理特点，较少受传统观念的束缚，对新鲜事物有着本能的敏感和先天的爱好，并能对此作出敏捷的反应。由于他们的身心特点，使得其兼时尚倡导者和追随者的双重角色于一身。当今，新的时尚、风气总是在他们中间发轫、扩散乃至风靡一时，蔚为风尚。可以说，热衷于时尚是大学生文化和生活方式最为显著的外化表现。[21]他们在日新月异的社会变革中，借助现代科技与大众传播媒介成为社会时尚的缔造者、引领者与追随者。QQ 和 BBS 一直是大学生网络交流的便捷方式，而在微博出现以后，一种更加“精神”的交流方式出现了。大学生通过微博把日常领悟到、看到和想到的思想精华，将爱好和学习的心得体会，在网页上发布出来，并提供许多链接，实现信息共享和思想共享。

微博作为一种参与社会、展示自我、抒写情感的网络工具，已成为一种时尚文化。从 QQ 到微博，网络成了他们的选择，微博文化的新词占据了他们的心灵空间。“今天你织围脖了吗？”已成为大学生见面时的问候语；“我的微博我做主”更是大学生的个性宣言；大学生见面互留联系方式时，个人微博也成了一张新名片。有人说：“要了解一个人，就去看他的个人微博吧。”因为微博是继 E-mail、BBS、QQ、博客之后的第五种深度交流平台。这种交流方式比此前的几种方式更为丰富。它甚至可以等同于一个个体传媒，打开一个人的微博，不仅可以看到这个人的照片、个人简介、联络方式，甚至可以看到他每天的学习、生活和心情，更进一步，还可窥见一个人的精神层面。

引领时尚、不愿落后于时代的双重心理，是大学生写作微博的一大原因。对时尚追求的背后潜藏着归属和尊重的需要。大学生在“你博，我也博”的过程中，彼此互相认同，如此一来，就获得了一种“同是天涯写博人”的归属感。此外，大学生在写博的过程中，又能突出自己的个性与特色，是黑格尔所说的“这一个”，而不是“那一个”，他们希望自己的个性与特色能得到他人的认可，从而因自己的个性与特色而使自己获得他人的尊重。

写微博既是一种时尚，也是一种休闲方式。美国休闲学学者杰弗瑞·戈比认为，休闲是从文化环境和物质环境的外在压力中解脱出来的一种相对自由的生活，它使个体能够以自己所喜爱的、本能地感到自己有价值的方式，在内心之爱的驱动下行动，为信仰提供一个基础。[22] 在现代消费社会，休闲已越来越成为人们生活中的中心需求。在微博空间中，微博作者们所要承受的责任相对较小，微博的文学特质给了他们自由的想象空间，使他们能暂时的摆脱物质和权威文化的束缚，能以自己的喜好来微博空间里创造属于自己的世界，以此来放松自己的身心。微博空间的经营和娱乐成为了他们休闲生活的重要组成部分。微博作者可以在自己的微博空间里评论自己喜爱的电影，可以记录自己旅游的足迹，可以在微博上讲健身，可以介绍自己的美容心得，可以秀自己的私房菜。这足以证明，微博对其作者来说具有非常大的休闲功能。大学生比一般人具有更多的休闲时间，这使他们有更多的时间投入在微博写作上（通过更新率可以看出，大学期间的更新率高于工作时的更新率），他们暂时摆脱个人身上的角色压力、学习压力、就业压力，逃避到一个自我能够完全自由支配的个人空间，放逐自己，获得心灵的自由，调动自己的潜能，得到自我满足。微博对于他们来说都是放松精神、闲适心灵、游

戏娱乐的港湾，具有重要的休闲意义。

二、排遣孤独

一般的孤独，就是指个体离群独处的一种状态。在这个时候，人有一种强烈的自我意识，感觉到自己孤身一人，没有人理解自己，没有人关心自己，这种孤独实际上是一种归属需要满足的匮乏状态。还有一种孤独是在人群中，或者是与亲人在一起，但同样意识到没有人理解自己，没有人关心自己，自己的自我价值没有得到肯定，这种孤独实际上是一种自尊需要的匮乏状态。处于存在性状态中的孤独与一般的孤独的内涵是不一样的。它已经消除了那种一般孤独状态中的强烈的自我意识，它无需顾盼周围的环境，但又与周围的环境有一种融合关系。这种孤独常常在表面上、空间上是离群独处，实际上，个体有更大范围的认同。[23]

孤独是当代大学生中比较流行的词语。《中国青年报》刊登的《在大学校园的公共空间感受孤单》[24]一文指出，高校校园公共空间的萎缩，使年轻的学生们被孤独地紧闭在窄小的自我空间里。由此产生的孤独心理得不到宣泄，因此生出网络愤青、网络综合征以及更为普遍的无聊心理。另一项研究结果显示，当代大学生无论朋友多寡，选择“享受独处”的占绝对优势（占到总体的82.6%），且无明显的学校差异。[25]大学生离开家庭，来到新的学习生活环境中，如何与人相处成为首先面临的适应问题。地域、文化、生活习惯等差异以及社会化经验的不足使得大学生之间难免产生摩擦。一方面，大学生在这样的摩擦中不肯屈服，骄傲地选择以自我为中心的独处；另一方面，在自我的中心里面，大学生面临无限的孤独与无助。为了应对这种孤独焦虑，有的大学生甚至干脆割断了人际网络的纽带，将个体的灵魂交给了书籍、电脑等私人化的物质载体，个人主义成为大学生潜意识的选择。正如Davis所认为的，因特网本身并没有使人感到孤独，相反，是孤独首先诱引人们去网上交流。换句话说，是心理困扰驱使人们优先选择网络[26]，寻求认同和群体归属感。见下面微博。

（1）生命，是一场孤独的跋涉，一个人走，一个人跑，一个人流浪；一个人哭，一个人笑，一个人坚强。一场磨难，是一场洗礼；一场伤痛，是一场觉醒。走过，累过，哭过，才会成长；痛苦过，悲伤过，寂寞过，才会飞翔。

（2）当你与整个环境格格不入，却无法找人诉说的时候，即使你和一群人一起，看着别人欢笑，自己却丝毫不开心时，这应该就是最深的孤独吧。这句话的正确版本应该是：当整个世界没什么事让你羡慕，也没什么东西值得占有和辜负，更没什么人会在乎你的痛哭你也懒得倾诉你的痛处，这才是最深的孤独。

由以上两则微博可以看出，博主同时存在着两种孤独，一种是离群独处时的孤独，无论做什么，都是自己一个人。另一种是人群中不被理解的孤独，这种孤独使得他从不和人说心里话，相反却在网上倾诉。

阿米海汉姆伯格（Amichai-Hamburger）和本阿奇（Ben-Artzi）发现，孤独的女性使用网络来减轻他们的孤独感，孤独的神经质的女性更可能使用微博来排遣孤独[27]。大学生在微博中描写孤独的文字还有很多，如有人自比顾城，有人与香烟称兄道弟，有人顾影自怜，不胜枚举。他们就是在描写孤独的文字中排遣着自己的孤独，也表达了他们渴望被家人和朋友理解、关心的内心状态。

三、倾诉与发泄

困扰不少大学生的不仅有空闲时的孤独，还有忙碌时的郁闷与烦恼。这种郁闷与烦恼来源于各种各样的人际交往、考试、评优、工作应聘等，由于繁重的学习任务，生活圈子的局限以及对现实的挫败和不满，大学生普遍有着不同程度的抑郁感，处于青春期与成熟期的交界，内心的骚动和情感的渴望无法宣泄，需要找人、找地方进行倾诉与发泄。而在现实生活中，因缺乏安全感和信任感，有的大学生往往不愿意向朋友倾诉自己的心情。此外，如今大学生往往比较自我，是"原子化的个人"，都在各忙各的，这导致有的大学生即使想向他人倾诉也不能。如此种种都导致大学生选择网络，而微博的个人性与公共性的特质恰好为他们的倾诉与发泄提供了方便，于是他们选择微博来释放他们现实生活中所遇到的学习和就业的压力，倾诉和发泄由人、事所造成的烦恼与郁闷。

先看倾诉：

（1）当我心里委屈难受的时候，我该找谁倾诉？不知道。

（2）微博就是我抱怨和倾诉的纸篓子。

（3）真的无趣。今天心烦意乱，发了几条微博，无人问津。发几条带娱乐性的微博，就有人评论。本来嘛，是我太天真了，你真以为你自己很重要吗？甚至就连父母今晚也无暇顾及我，一个照顾奶奶，一个喝醉了。平常别人不顺心时还好心去安慰，自己伤心失落的时候连倾诉的对象都没有。团日活动没人理我，自己很失败。

由以上微博可知，微博主在“心里委屈难受”的时候，于现实生活中找人倾诉而不得，于是倾诉于微博。有人将微博看作是“抱怨和倾诉的纸篓子”，将自己心里所想倾诉于此。也有人曾试着向父母倾诉自己的伤心与失落，但失败了，于是在微博中释放自己的心灵。

对于倾诉类的微博来说，它们就像微博主们生活中的日记。在此日记里，他们只注重自己内心的感受，倾诉各种各样的心情，他们就是在倾诉的过程中，转变自己的心情。

下面再看对郁闷的发泄：

当代大学生多数走的是“考试改变命运”的道路，“郁闷”问题也多因考试不济，成材、成功受挫而生。见下面微博：

（1）#期末成绩#这学期期末考试10门，最高分美术82，最低分钢琴48，总分709，平均成绩70.9，75分以上科目有6门，一门2个学分不及格重修。看见我们班的学霸平均成绩90分左右，郁闷。下学期加油！

（2）郁闷！有料都给出来还被抱怨。辛辛苦苦整理打字打出来资料我容易吗？觉得我整理得不好的话，自己可以整理啊！没有人义务给你们整理！

（3）我成绩优秀！我工作努力！为什么就评不了先进！我郁闷！

（4）今天下午不想吃饭了，郁闷得很啊。

（5）坏情绪来了，就像一个综合征！！！郁闷完了这个，又紧接着下一个。

（6）微博玩儿了也快两年多了，没事调侃一下，发泄发泄下心情，不愿意在QQ空间说的都会在这里说说在微博里了解到更多平时在学校看不到的事情，不让我们平时不看电视的孩子们落时代太远其实挺好的。今天一看994名粉丝了，没有一个是买的粉。立马想发微博了（ps：不会掉粉吧）

（7）有些朋友看我发的微博，问我发生了什么。其实也没发生什么，只是感情的小发泄。

（8）虽然忙到我想发飙，但是我还是想发泄一下情绪。好忙啊。好累啊。好讨厌那些女王类的人啊……

从以上微博可知，第一位大学生的郁闷源于成绩的不理想，平均成绩太低，并且还有一门不及格要重修。第二位大学生的郁闷源于自己将资料整理出来非但没有被表扬，反而还被抱怨，也就是付出与收获不对等而产生的郁闷。第三位大学生的郁闷源于自己成绩优秀，工作又努力但却评不了先进，也就是自己的成绩得不到认可。第四、五位大学生则是发泄自己郁闷的心情。第六、七和第八位大学生则把微博当成发泄的平台，在此发泄自己的心情和情绪。

不管是基于人际关系不和也好，还是基于毕业、考试也好，大学生喜欢选择微博来进行自我发泄，在发泄中获得轻松。

四、相互交流

巴赫金认为，人类社会的生活不是独白的，而是传播交流的，不是封闭的，而是开放的“对话”。对他而言，一个独白的自我，隔绝的自我，孤立的自我，封闭的自我，不向他人传播的自我，都是丧失自我的基本原因。对话就是要把自我显露给他人，并通过与他人，一个与己不同者之间的交流，自我才得以保持[28]。

尽管现实生活中，人常常感到交流的无奈，但内心还是渴望交流的，于现实生活中求不得，他们就转向网络，如上面讲的微博，其博主有的就是在现实生活中与他人交往受挫，才在网上倾诉与发泄的。在不设限的情况下，若自己的倾诉获得了他人的同情与理解，就会令自己感到安慰。有的虽然不是倾诉，哪怕是叙述事件，微博作者也会得到来自于读者的反馈，获得动力与支持。唐纳德·霍顿（Donald Horton）和R·理查德·沃尔（R.Richard Whol）指出，新媒介引发了新型关系，即“副社会交往”。虽然这种关系是有中介的，但是它在心理上类似于面对面交往。“认识相隔最遥远和最著名的人，就如同他们是我们朋友圈里的人。”[29]媒介的演化淡化了陌生人与朋友的区别，弱化了在“这里”与在“其他地方”的人之间的区别。[30]生活中的朋友也可以形同陌路，而微博中的陌生人也可以成为益友。读者可以通过微博（当然不仅仅是内容），一定程度上了解到一个人的能力、性格、气质类型等方面的信息；而作者在写作的过程中，可以有意识地通过内容的选择、信息的筛选、文字的斟酌等方面，对读者对自己的印象进行管理，并根据读者的反馈对自己做一些相应的调整，朝着别人更易于接受的和更为欣赏的方向发展。这种作用是其他交流方式不能够替代的。

有研究发现，在网络交往中，自我意识高的人会加强自我揭露[31]，而自我揭露能增加喜欢和信任。诚如塔迪（Tardy）和丁迪亚（Dindia）所说，我们喜欢那些向我们表露自我的人，我们更愿意向我们喜欢的人表露，我们喜欢他人因而会向他们表露。哈基（Hargie）和迪克森（Dickson）曾说过：当A表露时，B接收这种表露并把它看作是信任的传达。结果，B对A的吸引力大增，这种日益增加的喜欢反过来又导致B向A倾诉。[32]这样一来自我揭露的双方就能获得良好的人际交流[33]。微博中的交流是以文章为基础与他人的互相交流，它始于两个彼此相异、彼此疏离的交往者的见面、相遇，即写、看、评、留言。就在这遭遇的时刻，二者开始向对方展示越来越深层和隐秘的内涵。这种展示并非自我展示。事实上，当二者分别独处时，他们都无法向自己展示稍稍深一些的内涵，每一个人的真我都在他自己无法测度、无法企及的深处。所以这种展示其实是被激发，被揭示，被领略。双方领略的都是对方对于自己的反馈，双方都使对方通向隐藏在最深处的自我，同时被引向自己的自我，在测度对方深度的同时被测度，在激活、创造对方的同时被创造和激活。两个曾经是彼此疏离的个体的边界在创造和激活中被消解——“你”早已不是“你”，正如“我”早已不是“我”，“你”和“我”

的灵魂和身体都共属于被“你”和“我”共同创造出来的，超乎“你”和“我”之上的共同的灵魂和身体。他们都不在从前那狭小、浅薄的自身之内，而在他们共同的自身，即“共同体”之内。[34]

与现实生活中一样，微博中的交流也讲究“物以类聚，人以群分”的相似性原则，也讲求“礼尚往来”的礼仪之道。

相似性表明个人容易被那些与自己相似的人吸引，它比面对面传播更能增强群体认同和意气相投。那些关注情感交流的读者会相信微博内容信息，并与微博作者交往，将消息传播给他人。寻求信息和娱乐的读者会积极接受博主的观点，会将微博视为值得信任的来源。赶潮流的读者会与微博作者交往，并将博主的时尚内容传递给他人。[35]

微博主可以通过读者的评论来看对方是否与自己是同路人，若对方看人、看事的观点与自己一致，那么此人就是同路人。若此读者刚好也写微博，那么博主就可链接到他的微博，通过看他的微博，对其作进一步的了解，看其是否与自己有同样的兴趣和爱好，是否也有同样的对人对事的态度。这样，博主可通过进入对方的微博而进入对方的思想，通过进入对方的思想而更多进入自己的思想。“我们在他人中认出我们自己，在我们中发现他人。如果我的思想与你一样，你会相信我所说的感觉，你能从感觉中获知，通过认同我，你能学习关于人类自身的新事物，你也可认识作为例子而不是一个人的你自己。”[36]“感情、友善、同情等不会因寻求付出的目标而付之东流，他们代表我寻找另一个充满同情的自我，因为它实现了自我。”[37]

“礼尚往来”是中国的传统。亲情、友情就在互相拜访、互相串门中得以建立与维持。这种现象在微博中同样存在。如果你来过我的“家”，虽然我不能及时迎接你（微博的延时性），但我可以通过你留下的姓名（微博名）与“礼物”（点赞、留言与评论），判定你是谁，从而“遵循”你来时的足迹（留下的微博地址）而一路寻访过去（链接对方微博）。博主们在“你来我往”的不断互访中，产生了几何级的“池塘效应”，形成一片温情的“海洋”，既获得尊重和爱的需要，也获得一种“此在”的归属感。

总的来说，大学生渴望获得他人的理解、支持与尊重，他们因“相似性”走到一起，因“礼尚往来”而维持关系发展，通过交流他们获得一种爱、尊重和归属感需要的满足。

五、实现价值

实现自我价值，是最高层次的需要。自我价值是指一个人的德性、知识和能力，也称内在价值。如果某个人所拥有的知识有了用武之地，所具备的能力得到了充分的发挥，所养成的德性能够惠泽他人并在社会上产生了较好的影响，那么，他也就是实现了其外在价值，就会有一种成就感，有一种自我需要得到满足以后的幸福感，此时他心理上的感觉就是自我实现。自我实现的需要主要包括成就感、荣誉感、胜任感。

首先，大学生们在创作中能获得成就感。“宏观媒介”（或“大媒介”，Macromedia）的创始人之一马克·肯特（Marc Canter）曾说：“数码相机，故事讲述，对现有内容、注释、评论和对话的排列组合，对共同主题的链接，都属于创造。而微博写作处于一切创造的核心——表达自己的感情、观点和呈现所有自认为重要的人物。”[38]微博的“零门槛”使得每个人都能进行创作，他们不断更新微博，有的甚至把自己的作品推介在自己的微博中，并链接于自己的微博，供他人观赏。自己的“产品”能吸引众人围观、评论，微博主能体验创作的成就感，并感知自己身份的实现。

其次，大学生们在粉丝的“追捧”中能获得地位与声望的荣耀感。林南指出，对人类而言，社会结构中存在着两类最终的（或原始的）报酬：经济地位和社会地位。经济地位是建立在财富的积累和分配基础上的，社会地位建立在名声的积累和分配基础上的。经济地位和社会地位都提高了个体在结构中的权力和影响。[39]微博主通过“一对多”和“多对多”的传播模式，将个体用户纳入微博世界的信息洪流，从而使一己的话语表达有可能成为广阔公共领域所关注的热点话题，受到粉丝的关注，不断积聚人气，形成影响力，有的甚至成为微博名人。微博用户社会网络的大小、关系强度与名人的社会地位相关，即网络精英的社会资源强度决定了组织网络的规模和影响力。依据社会资源不同，微博自上而下会形成不同生态层级的名人及相应的粉丝圈，而且其生态影响力是由中心向边缘递减的。微博上名人与粉丝的互动机制，形成一种信息网络的嵌套结构。具有众多粉丝的微博精英与粉丝密切互动，粉丝间因共同话题或兴趣共享信息，使身份特征和价值认同得到强化。

再次，微博主在微博公益活动中能获得胜任感。大学生在公益慈善、灾难救助、志愿者活动等多方面都有卓越的表现，这比在平面媒体和其他网站上要有效得多，激起的公众反馈也最大。

微博提供了这样一个技术空间，让没有一个中心的大众产生了力量。微博的力量在于它的互联传播（互相转发）、互动传播（互相鼓动并就某一主题展开挖掘，报道真相）和层级传播（粉丝的层级性、无穷性）。微博上的用户是相互交织的，在人与人进行交互的过程中，由于个体发布的言论受制于“他人在场”这一特定前提的影响，就使个人言论带有一定的群体性——或被群体暗示，或被群体强化，或被群体诱导。扎伊翁茨的“唤起能促进优势反应”定律认为：“由于他人在场能引发唤起状态，所以，观察者或共事者在场，会提高简单任务（其优势反应是正确的）的作业成绩，但会降低复杂困难任务（其优势反应是错误的）的作业成绩。”[40] 根据这一定律，微博主在发布言论时虽然是一个个体的行为，但他在敲击键盘的那一瞬间，往往考虑的是他所关注的人的言论以及他的粉丝观看他的言论后的反应。因此，微博主优势反应的产生有两个因素助推：一是微博主所关注的名人以及其他各类微博主的言论，如果微博主与他所关注的名人所持有的观点一致，那么为了表示一种取悦，或者一种观点的认同感，他就会以一种更为过激的方式去表达自己的意见；二是微博主自身也有很多“粉丝”，微博主相对于这些粉丝来说，就是一种舆论领袖的角色，为了能够让自己的观点和意见在庞杂的信息中脱颖而出[41]，微博主会齐心协力抓住一个点，不停地发出一些新信息，使得此事能形成一个很大的场域和舆论中心，具有召唤力，从而产生强大的社会动员，转化为一种行动。事情的解决，能让微博主从中体验到“普济众生”的奉献精神和“推动社会向前发展”的胜任感。

总的来说，大学生通过微博能满足自己追求时尚和休闲、排遣孤独、倾诉与发泄、相互交流、实现自我价值的需要，因而他们青睐于微博写作。

第三节　微博：大学生建构自我认同的平台

青春期要解决的核心任务是建立自我认同感，排除自我迷惘。埃里克森认为，青少年建立自我认同感，本质上就是要回答“我是谁”的问题。伊·谢·科恩在《自我论》中认为“我是谁？”这个问题是内省的、主观的、个人内部的；这主要不是认识，而是自我表现、自我交流，是由己及人的过程；它不能形成明确的概念形态以至一般语言形态，主要不是诉诸理性而是诉诸直接体验、直觉经验；它的普遍意义不是以服从一般规则为基础而是以人人或起码某些人的体验和价值具有内在相似性、相近性为基础。[42]在青春期，大学生都试图去建立稳定的自我认同感，他们会思索自己是一个什么样的人？适合从事什么职业？有什么特长和优缺点？将来准备成为什么样的人？应该怎样塑造自己？他们的自我意识进一步发展，把目光从外部世界转向自己的内心世界，注重对内心的分析和体验，力图了解自己的情感和心理，关心别人对自己的评价，渴望得到尊重和理解，获得外界对自己的认可，以确认他们的自我价值感，而自我价值感一旦确立，就会觉得生活有意义，从而充满信心和激情。这种心理使他们需要充分的自我反思、自我表达以及社会交往，在反思、表达与交往中建立起自我认同。

爱默生曾说过：“一个人只有一半是他自己，另一半则是表达。”一个人要成为一个人，必须要经过某种表达；若脱离表达，就不可能有更高的存在。[43]雅各布·布洛诺夫斯基（J.Bronowski）也曾说过，我们通过理解他人的经历获得最生动的自我知识……如果没有其他人，一个人的经历仅来自于他与石头、星星的相会，他就是一架没有意识的机器。[44]哈贝马斯也相信：“如果我作为一个人格获得承认，那么，我的认同，即我的自我理解，无论是作为自律行动还是作为个体存在，才能稳定下来。”[45]马丁·布伯更是表明人类实存的根本事实乃是人与人（man with man）[46]，“人通过‘你’而成为‘我’”[47]。以上表明，人要建立自我认同，必须要表达，要与他人进行交往。

早期的自我表达手段仅限于面对面传播、传统日记本，随着生产力和科技的发展，自我表达的媒介越来越先进。网络的出现，不仅革新了大众传播而且也革新了人际传播成为个体自我表达的全新工具，而微博的出现，更是自我表达历史上的革命，它为大学生提供了更好的反思自己、表达自己、与他人交往的平台，有利于大学生对自我认同的建构。

相对于面对面交往，微博使得大学生能更好地控制自我认同，因为他们有时间来思考所要说的话以及要如何来表征自己。“身体的缺场”使互动者摆脱了现实世界“在场”的支配，从而更能畅所欲言，有时表现得比原来更加真实。微博日志记录了大学生所要表达的心理活动，打破了语言交际时间和空间的限制，有利于建构流畅而完整的自我。

相对于传统的纸质日记本，微博日志更便于提取、编辑，能够永久保存，一个大学生微博就是一名大学生的个人自传，自传是个体过去“自我”的叙述史，亦是个体现实“自我”的建构史。微博与传统日记最大的区别在于前者有巨大的潜在的读者群，如果博者愿意，还可以容许读者评论，而后者是写给大学生自己看的。传统日记本只体现了“私密的自我”，缺乏他者眼中的“自我”。他者眼中的“自我”是一面镜子，可以投射“自我”。在微博空间中，大学生透过与同辈的交往，根据同辈群体对自己的评价，可以逐渐加深对自己的认识，头脑中形成一个“镜中我”的概念，其自我认同也可以逐渐形成和定型。

尽管在微博出现之前，已经有 E-mail、BBS、QQ、personal homepage（个人主页）、博客等用于自我表达的网络工具。然而 E-mail 和 QQ 是纯粹的私人性，仅限于私人间的表达。而 BBS 公共性又很强，由于发帖数量太多，个人帖子很快就被淹没，难以做到以个人为中心。个人主页的技术门槛太高，不仅需要注册域名，需要申请租用服务器空间，而且需要掌握相关软件知识。微博则克服了它们的缺点，实现了多种样式的完美结合：如果说 E-mail、QQ 太缺乏公共性，BBS 又太强调公共性，那么微博却能实现私人性和公共性的结合。如果说个人主页对使用者设置了过高的技术门槛，微博却有着技术门槛低以及内容重于形式的特点。博客所需篇幅长，而微博篇幅短，能节省大量时间。由此可见，微博既强调个人化的内容，又有着公共化的表现形式，篇幅又短小，使其能够产生自我表达最大化、自我呈

现最大化的效用。

微博好比个人的“卧室”，是栖息盘桓的个人空间，也是投射自我的个人空间[48]，在这个私人空间里，大学生们具有很强烈的表达安全感，因而引发了他们更为强烈的自我表达意识。大学生们按照“倒日记体”的方式不断地进行自我展示内容的频繁更新，并围绕“我”来叙述、揭示个人丰富的内心世界，对自己成功的经验进行思考和总结，反省自己失败的经验教训，从而认识自我。通过象征性标记设计，如个人兴趣、爱好、价值观、朋友链接、访客留言簿等来形塑自我，同时配以适合自己风格的语言文字、音乐、个人影集和视频来显示个人品位，揭露自我、建构自我、确认自我。微博的私人性正好给具有自由意识、独立意识、私人意识的大学生们提供了一个发出自己声音的平台，它使大学生们在写博的过程中进一步意识到自己的个体化、私人化身份。从内容上看，写作的单位以单一的个人为基点，个人性在书写过程中是一切汇聚的一个中心，用自己的话说自己的事，其语言是自我指涉性，因此也更集中在私人性上。从形式上看，日志是逐日单独成篇的，以一些分散的事为关注的对象，写作是经验重新流动与液化的过程，合于生活本身的变动，处在一种真正的“延异”状态之中，但它依然维持着一个自我确认的中心。[49]从心理学角度看，作为个体人自我存在的标志是有记忆，记忆之链把过去之“我”与现在之“我”连接起来，构成一个稳固的自我。个人形象、个人身份的建构与其“记忆的沉积”、其“对自己过去的了解”密切相关，网络日记是对过去的记忆，把“个人”写进历史，“持续地吸纳发生在外部世界中的事件，把它们纳入关涉自我的、正在进行着的‘故事’之中”[50]，通过历史来记忆“个人”，可以实现个体的自我认同感。也只有在微博写作过程中，大学生们才可以对过去的“自我”进行矫正性的干预，对现实的“自我”实现经验化的叙述，将自我认同的危机转化为塑造理想“自我”的方式，最终在心理上实现自我认同。

微博的链接、留言和评论功能使得微博又具有公共性。微博作者可链接他人的微博，受众的评论和反馈使个人经常将他人的微博加入自己的微博。[51]链接是作者尝试把自己的微博放到一个特定的类型或组群中，试图通过与其他微博的互动以提高网络的可见性而得到互惠（引入链接数可使微博的搜索引擎结果获得高排名）。读者可以对作者所发布的作品发表评论，作者能够以另一种评论来回答它或张贴新的或修订后的条目。微博接收者会将摘要和链接的所有评论显示在条目下面的原始入口。这使得读者可以追踪到跨越若干微博的会话，可以帮助微博作者与读者以更多样化的方式在网上互动。[52]公共性意味着在一个敞开的领域中个人因他者的存在而获得自我在场的真实体验。海德格尔说人的世界是共同世界，人在世界中就是与他人共在，人的类本质的存在本身就是一种公共性的存在，如同汉娜·阿伦特所说，"一切人类活动都要受到如下事实的制约：即人必须共同生活在一起"[53]。"'公共'一词表明了两个密切联系却又完全不同的现象。它首先是指，凡是出现于公共领域中的东西都能够为每个人所见、所闻，具有可能最广泛的公共性。"[54]只要有两个人进行交往和共同生活就不可避免地存在公共性问题，实际生活中，公共性远远不止两个人之间的公共性，它以两个人之间的公共性为基点不断放大，以致发展成为全球范围的公共性。可见，人的本质要求人必须以公共性的状态存于世间，与他人发生关系以求得共生。人的自我认同就是在与社会成员的交往过程中并在社会交往关系中实现的，微博的公共性使得大学生可以与他人进行交流与沟通。链接使得博主可以在自己日志空间与他人空间中移动，通过认识他人来认识自己，狄尔泰认为，"人只有凭借理解的迂回之路，才能达到对自身的认识"。也就是说，对自我的认识必须通过对他人的认识来达到，即通过他的"体验"的"表达"形式——文本才能把握。这种文本是人的生命所留下的符号形式，是生命的外化和"表达"，通过对这种"表达"的理解，就可以超越时空距离去认识生命的历史，进而达到对作者本人的理解。[55]通过链接到他人的微博，大学生博主一方面认识了与自己处境类似的同龄人，另一方面，又可以把自己与这些人作比较，与这些人产生心理上的认同感，从而可以加深对自身特点的认识和了解。而微博读者对自己的留言和评论，不管是消极的还是积极的，都会引起自己情感上的强烈反应。留言跟帖在读者与作者、读者与读者之间达成一种现实的沟通桥梁，它不仅使博主能够直观感觉到读者的意见与观感，还可以使后来的读者通过阅读前面读者的跟帖而达到读者与读者的交流。这种交流不但会引发大学生新的自我认识，也会巩固或动摇他们已有的自我认识，他们从不同的角度进行社会比较，从而全面理智地进行自我认知，客观地对待和接受他人的评价。大学生正是在现有自我认识的基础上，通过对他人评价的分析、综合，逐步建立起相对成熟的自我认识，实现人的行为与自我认同的统一与协调。

总之，微博因兼具公共性和个人性，比起人际传播、传统日记本、E-mail、BBS、QQ、个人主页等，更有助于大学生建构自我认同，即有助于大学生在自我表达、自我反思、与他人交往中确定我是谁。

微博既是大学生自我认同建构的平台，毫无疑问，它留下了大学生自我认同建构的痕迹，展示了大学生持续完整的身份以及最深层的心路历程。随着经历的不断积累，以及个人历史的演进，其微博也在不断更新，其个人资料也越来越丰富。而不断更新的微博使得文本总是处于“鲜活”状态。随着外在于“我”的世界的变化，个体对自我的塑造一直处于不断的动态变化中，在这一动态的过程中，大学生个体对自身身份的认定，有助于我们从阶段性上理解大学生塑造自我的发展历程以及其中折射出的复杂的心态变化。因此，接下来的一章将着眼于从心理层面来考察大学生所建构的自我，以及如何建构自我认同；又因为大学生的心理不可避免地会打上社会和文化的烙印，因而在其后将相继从社会层面、文化层面来阐释大学生如何建构自我认同。

本章小结

由大学生微博现状可知，大学生是使用微博的稳定性群体。大学生追求时尚和休闲、排遣孤独、倾诉与发泄、相互交流、实现自我价值需要的满足是他们青睐于微博创作的主要原因。与面对面传播、传统日记本、E-mail、BBS、QQ、个人主页、博客等相比，微博兼其所长而弃其所短，其私人性与公共性的优势、短小精悍的特征使之成为建构自我认同的良好工具，它有助于大学生在自我反思、自我表达、与他人交往中确定我是谁。

微博既是大学生自我认同建构的平台，毫无疑问，它留下了大学生自我认同建构的痕迹，展示了大学生持续完整的身份以及最深层的心路历程。因此，通过考察大学生微博，我们从中可以发现大学生建构的是一个怎样的自我，以及如何建构自我。

注　释：

[1] 吴廷俊. 科技发展与传播革命 [M]. 武汉：华中科技大学出版社，2001:2-3.

[2] 彭兰. 中国网络媒体的第一个十年 [M]. 北京：清华大学出版社，2005:10.

[3] 吴廷俊，屠忠俊. 网络传播概论 [M]. 武汉：武汉大学出版社，2007:14.

[4] 中国互联网络信息中心. 第 23 次中国互联网络发展状况统计报告 [EB/OL]. http://www.cnnic.com.cn/uploadfiles/doc/2009/1/13/92209.doc.

[5] 中国互联网络信息中心. 第 37 次中国互联网络发展状况统计报告 [EB/OL]. https://www.cnnic.cn/hlwfzyj/hlwxzbg/201601/P020160122469130059846.pdf.

[6] Jim, C. (2005).Web2.0: Is it a whole new internet? [EB/OL]. http://cuene.typepad.com/MiMA.1.ppt.2005-5-18.

[7] Mcmillan, S. J., & Morrison, M. (2006). Coming of age with the internet: A qualitative exploration of how the internet has become an integral part of young people's lives. *New media & society*, 8(1), 74-75.

[8] Hargittai, E., & Hinnant, A. (2008). Digital inequality differences in young adults'use of the internet. *Communication Research*, 35(5), 602-621.

[9] 中国互联网络信息中心. 第 20 次中国互联网络发展状况统计报告 [EB/OL]. http://www.cnnic.cn/uploadfiles/pdf/2007/7/18/113918.pdf.

[10] 中国互联网络信息中心. 第 21 次中国互联网络发展状况统计报告 [EB/OL]. http://www.cnnic.cn/uploadfiles/pdf/2008/1/17/104156.pdf.

[11] 中国互联网络信息中心. 第 22 次中国互联网络发展状况统计报告 [EB/OL]. http://www.cnnic.cn/uploadfiles/pdf/2008/7/23/170516.pdf.

[12] 中国互联网络信息中心. 第 37 次中国互联网络发展状况统计报告 [EB/OL]. http://www.cnnic.cn/uploadfiles/pdf/2008/7/23/170516.pdf.

[13] 中国新闻网. 中国超 3000 万大学生使用微博 愿与人分享生活点滴 [EB/OL]. http://www.chinanews.com/it/2013/08-19/5180344.shtml,2013-08-19 19:27.

[14] 2015 上半年中国校园微博发展报告 [EB/OL]. http://www.chinaz.com/manage/2015/0825/438012.shtml,2015-08-25 09:22.

[15] Papacharissi, Z. (2002). The presentation of self in virtual life: Characteristics of personal home pages. *Journalism and Mass Communication Quarterly*, 79(3):643-660.

[16] [美]尼葛洛庞帝. 数字化生存[M]. 胡泳，范海燕. 海口：海南出版社，1997:191.

[17] Bowman, S., & Willis, C. (2003). *We Media: How audiences are shaping the future of news and information* (pp.39). http:www.hypergene.net/wemedia/.

[18] 中国社会科学院语言研究所词典编辑室. 现代汉语词典（修订本）[G]. 北京：商务印书馆，1978:377,1144.

[19] 辞海编辑委员会. 辞海[G]. 上海：上海辞书出版社，1999.

[20] 王晓华. 时尚与大众传媒的怪圈[J]. 中国青年研究，1996(3):31.

[21] 余逸群. 时尚和引领：当代都市青年生活方式[J]. 河北青年管理干部学院学报，2003(2):26.

[22] [美]杰弗逊•戈比. 你生命中的休闲[M]. 康筝. 昆明：云南人民出版社，2000:VI.

[23] 许金声. 活出最佳状态——自我实现[M]. 北京：新华出版社，1999:355-356.

[24] 中国青年报，2007-11-20.

[25] 张帆等. 当代大学生价值观新动向——后现代语境下的大学校园亚文化[J]. 中国青年研究，2006(3).

[26] Davis, R. A. (2001). A cognitive-behavioral model of pathological internet use. *Computers in Human Behavior*, 17 (2): 191.

[27] Guadagno, R. E., Okdie, B. M., & Eno, C. A. (2008). Who blogs? Personality predictors of blogging. *Computers in Human Behavior*, 24(5): 1996.

[28] 王怡红. 人与人的相遇——人际传播论[M]. 北京：人民出版社，2003:63.

[29] [美]约书亚•梅罗维茨. 消失的地域：电子媒介对社会行为的影响[M]. 肖志军. 北京：清华大学出版社，2002:113.

[30] [美]约书亚•梅罗维茨. 消失的地域：电子媒介对社会行为的影响[M]. 肖志军. 北京：清华大学出版社，2002:116.

[31]　Joinson, A. N. (2001). Self-disclosure in computer-mediated communication: The role of self-awareness and visual anonymity. *European Journal of Social Psychology*, 31(2):177-192.

[32]　Hargie, O., Dickson, D., Mallett, J., & Stringer, M. (2008). Communicating social identity: A study of Catholics and Protestants in Northern Ireland. *Communication Research*, 35(6):799-800.

[33]　Yao, M. Z., & Flanagin, A. J. (2006). A self-awareness approach to computer-mediated communication. *Computers in Human Behavior*, 22(3):518-544.

[34]　吴伯凡．孤独的狂欢——数字时代的交往 [M]．北京：中国人民大学出版社，1998:20-21.

[35]　Huang, L., Chou, Y., & Lin, C. (2008). The influence of reading motives on the responses after reading blogs. *Cyberpsychology & Behavior*, 11(3): 351-355.

[36]　Bronowski, J. (1965). *The Identity of Man* (pp.65).Garden City, New York: The Natural History Press.

[37]　Bronowski, J. (1965). *The Identity of Man* (pp.98).Garden City, New York: The Natural History Press.

[38]　Bowman, S., & Willis, C. (2003). *We Media: How audiences are shaping the future of news and information* (pp.41). http:www.hypergene.net/wemedia/.

[39]　[美] 林南．社会资本——关于社会结构与行动的理论 [M]．张磊．上海：上海人民出版社，2004:151-152.

[40]　[美] 戴维·迈尔斯．社会心理学 [M]．北京：商务印书馆，2008:214.

[41]　孙祥飞．微博舆论生成的路径及规律 [J]．新闻传播，2011(5):68.

[42]　[苏] 伊·谢·科恩．自我论：个人与个人自我意识 [M]．佟景韩等．北京：生活·读书·新知三联书店，1986:49.

[43]　[美] 查尔斯·霍顿·库利．人类本性与社会秩序 [M]．北京：华夏出版社，1999: 67.

[44]　Bronowski, J. (1965). *The Identity of Man* (pp.79). Garden City, New York: The Natural History Press.

[45] 汪民安．身体、空间与后现代性 [M]．南京：江苏人民出版社，2006:282.

[46] [德] 马丁・布伯．人与人 [M]．张见，韦海英．北京：作家出版社，1992:275.

[47] [德] 马丁・布伯．我与你 [M]．陈维纲．北京：三联书店，1986:44.

[48] Hodkinson, P., & Lincoln, S. (2008). Online journals as virtual bedrooms: Young people, identity and personal space. *Young*, 16(1): 29-31.

[49] 黄卓越．博客写作与公共空间的私人化问题 [J]．文学评论，2008(3):145.

[50] 安东尼・吉登斯．现代性与自我认同 [M]．赵旭东等译，北京：三联书店，1998:60.

[51] Van Doorn, N., Van Zoonen, L., & Wyatt, S. (2007). Writing from experience: Presentations of gender identity on weblogs. *European Journal of Women's Studies*, 14(2): 147.

[52] Miura, A., & Yamashita, K. (2007). Psychological and social influences on blog writing: An online survey of blog authors in Japan. *Journal of Computer-Mediated Communication*, 12(4): 1453-1454.

[53] 汪晖，陈燕谷．文化与公共性 [M]．北京：生活・读书・新知三联书店，2005:57.

[54] [美] 汉娜・阿伦特．公共领域与私人领域 [A]．见：汪晖，陈燕谷．文化与公共性 [M]．北京：生活・读书・新知三联书店，2005:81.

[55] 胡经之．西方文艺理论名著教程（下）[M]．北京：北京大学出版社，1988:379.

第三章　自我的建构

“自我”概念是一个人将自己作为客体看待时所具有的思想和感情的总和[1]。“是以人的躯体及其所属社会财富（社会资源）为基础的一种特殊心理过程，是在各种具体心理反应基础上形成的综合性心理过程，是对各种心理过程的统一。”[2]

传统的认同观以为：人的认同是固定的、统一的与稳定的，每个人在成年期后都拥有一个真实、成型和保持不变的自我。而依据建构主义的观点，认同和身份都不是先天具有的，是由行为主体的知识、观念或话语建构起来的。[3] 此外，知识和真理是被创造的，而不是被头脑发现的，它通过符号和语言系统来传达。现实是人们在特定的社会文化背景中将意义赋予到他们的经验中建构而成。现实是以情景为基础，并通过人类的看法得以构建。[4] 建构包括收集、生产和创作[5]。

罗杰斯（Rogers）认为自我是一个建构的过程。[6] 大学生对自我的认同也是建构出来的，在写微博时，他们会收集自己所经历的经验现实，并进行加工和生产，用图片、超链接、主题的选择和语言（评定写作风格）造就一篇篇日志。日志是人脑海中思想建构的延伸。它仿佛是一面镜子，人们可以通过这面镜子来反思自我、身份、主体到底是怎么一回事，一篇篇日志则是自己想法、观念的投射，是一个自我揭露、自我建构、自我确认的过程。吉登斯认为，自我认同并非是给定的，而是个体在不断反思过程当中被惯例性地创造出来和维系着的某种东西[7]。

关于网络中自我的建构问题，早期大多数研究（以雪莉·特克为代表）均关注纯粹匿名环境中网络身份的建构，如多用户地牢、聊天室、电子公告板。研究发现，在网络空间中个人倾向于扮演其他的某人或实施他们潜在的反抗性的冲动。

肉身的脱离和匿名使人可能通过新身份的生产来重新塑造自我。然而，网络世界并不完全都是匿名的，家庭成员、邻居、大学生、其他线下的熟人均可以在网上互相交流。这种基于线下友谊的网上关系被称之为“抛锚关系”。匿名环境里，个人有想成为谁就成为谁的自由，而非匿名的环境则对身份自称有一定的约束。最近，研究者开始将注意力转向匿名程度较低的网络环境（如约会网站）中的自我呈现。结果表明，人们在这种环境中的行为不同于其他网络环境中的行为。[8] 这是一种重要的发现，因为它表明了网络世界并不是固定不变的，网络中的自我呈现随网络的性质而变化。

微博也是网络样式的一种，但它却是“实名制”下的个人平台。因而特克在《虚拟化身 —— 网路世代的身分认同》中所得的结论并不能完全普适于微博，因而本文研究微博中的自我认同建构可充实、丰富原有的研究。

赫法克（Huffaker）等认为，网络上青少年的自我呈现表明博客是现实世界的延伸，而不是人们装假的地方。[9] 巴格（Bargh）等认为，网络用户在网上能更好地呈现他们真实或内在自我的一面。[10] 詹姆斯认为真实是事物与我们的关系[11]，也就是说只要发生了关系，产生了影响就可以看作是“真实的”。因此“真实性”可以是一个多元的在“有限”范围内的“实在”特征。每一种有限意义域，都可以接受一种独特的“实在的特征”，都可以被人们当作真实东西来注意。[12] 因此，微博的实践作为一个有限意义域本身也具有其“实在”特征。基于此，笔者认为探求微博作者的网上身份与线下身份何者为真何者为假已没有意义，微博作者如何建构自我，以及建构的是什么样的自我，这才是本文的目的及价值所在。

新浪微博在 2012 年 3 月 16 日实行“实名制”，采取前台自愿，后台实名的方式。“前台自愿，后台实名”寓示微博用户有两类：一类是直接实名，即后台、前台均使用实名；第二类是后台实名，前台匿名。微博的特殊环境，决定了博主所建构的自我可能是“现实我”（主要是前台实名），也可能是“本我”（主要是前台匿名），还可能是“理想我”（匿名、实名均有）。

第一节　现实我的再现

希金斯（Higgins）曾将“现实的自我”（actual self）与“理想的自我”（ideal self）和“应该的自我”（ought self）作了区分。“现实自我”是指个体自己或他人认为个体实际具备的特性之表征。“理想自我”是指个体自己或他人希望个体理想上应具备的特性之表征。“应该自我”是指个体自己或他人认为个体有义务或责任应该具备的特性之表征。[13] 通过对微博田野的长期考察，以及自己的亲身实践，笔者发现，在微博空间中更易于建构现实自我。

一、实名、前台与现实我的再现

（一）实名与现实我

2011年12月16日，北京市人民政府新闻办公室、市公安局、市通信管理局和市互联网信息办公室共同出台《北京市微博客发展管理若干规定》，要求“后台实名，前台自愿”。微博用户在注册时必须使用真实身份信息，但用户昵称可自愿选择。新浪、搜狐、网易等各大网站微博都在2012年3月16日实行实名制，并采取前台自愿，后台实名的方式。这意味着微博用户必须进行真实身份信息注册后，才能发言；而未进行实名认证的微博老用户，不能发言、转发，只能浏览。

“后台实名，前台自愿”寓示微博用户有两类。一类是直接实名，即后台、前台均使用实名；第二类是后台实名，前台匿名。微博实名的规制导致微博主所建构的自我与匿名微博主所建构的自我不一样，实名规制下的微博主更倾向于建构现实我。原因在于，实名限定了自我的身份，现实中的朋友、家人会一下子搜索到自己，有的博主甚至直接写给朋友、家人看。这就决定了博主在微博中反映的自己要与现实生活中的一致，即使有出入，也只是一点微小的出入，这样才会在熟人、朋友、家人心目中维持稳定、前后一致的印象。此外，实名决定了个体不可避免地会受到社会规范的制约，不可想说什么就说什么，想写什么就写什么。另外，若过多地涉及自我鲜为人知的一面，特别是将自己的隐私暴露出来，而没有匿名的保护，则有可能遭到熟人的嘲笑，会有不安全感。如此这些，都决定了微博主选择对现实我的再现是最稳妥的。

（二）前台与现实我

如果说匿名营造了一种“后台”的氛围，那么，实名则营造了一种“前台”的氛围。“前台区域”（front region）是一个表演的场所。个体在其中的表演努力“维持和体现了某些标准的外观”。在“前台”，人们在他人面前试图加强一些事实，从而形成某种表演者想要让观众了解的“形象”，而另一些可能招致怀疑的方面则被掩盖起来。[14]

在实名微博这种“前台”区域，大学生通过文字、图片、音乐、朋友链接来建构自我，他们在建构的过程中，脑子里会勾画出身边的家人、朋友看自己微博并对自己微博作出反应的场景，这种场景就好像面对面交往时的场景，他人对自己的看法会影响自己对自己的建构，亦即客我会影响主我的建构。主我执行自我的功能，支配自我活动，客我是自我的对象化，自己把自己作为心理对象，库利叫它“镜中我”，通过客我这面心理镜子看自己，是否符合他人的要求和他人的看法。一个人自言自语，或者思索问题、慎独等，无一不是自己给自己提出问题、回答问题，无一不是把自己分成两部分，把其中的一部分对象化，去审视（自我审视）、去评价（自我评价）等。然后这个被对象化了的客我又回到自我，与主我汇合，形成对自己的认知。沙莲香认为，在米德等人的社会化理论中，客我是由社会规范这种文化“内化”而来，米德的内化论是文化决定论，有正确的、可取的一面，但是，它忽视了主体自身的主动作用。在社会规范与内化过程之间还有一个主体的价值选择作用即价值领域的中介作用，具体地表现在“客我”的主体性上，就是说，客我不完全是一面镜子，不完全是他人（或社会）对自己的看法、期待等，还有自己对自己的看法、期待等；客我是由他人眼睛中（来自他人）的自我形象和自己头脑中（来自自己）的自我形象两部分构成。前者叫他画像，后者叫自画像（见图 3-1）。自我的本质是对自他关系的处理以及对个人同社会各种关系的处理。这样，自我通过主我和客我的相互作用以及客我中自画像和他画像的相互作用，维持和不断完善人们的心理状态，使人们清醒而又完整地看到自己、理解自己。[15] 微博日志中朋友评论的作用，有利于主我和客我的相调和。因为，作者的想法、行为等能够得到其读者的反馈，也就是主我能够更加清晰地了解社会的客我，尤其是一些不能用语言交流的朋友关系，这种反馈的作用是十分大的。主我对这些进行觉知，这样，可以对自己做一些相应的调整，朝着别人更易于接受的和更为欣赏的方向发展。

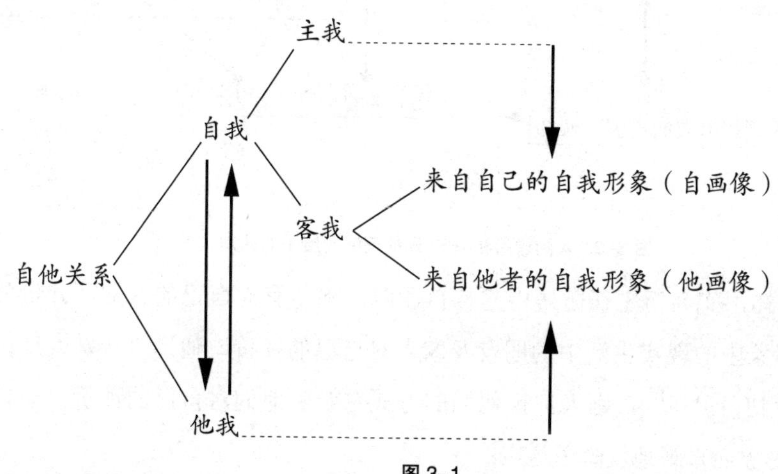

图 3–1

自己的表现，一方面是个人的意志决定，是由个人来表现的；另一方面，又受对方的影响，是被对方规定着的。因此，在人际交往中，为了取得自己同对方的协调关系，就必须不断地自我认知，不断修正自己对自己的看法和表现；同时，又必须不断地了解和认知对方对自己的看法，以便修正自己的表现（见图 3-2）。A 作为表现者，在 B 面前是自我表现，对于 A 的自我表现的理解，一方面有 A 对自己的理解（A 的自我认知），另一方面有 B 对 A 的理解（他我 B 对 A 的认知）。A 对自我表现的修正，也就根据这两方面的理解来进行：B 对 A 的理解反馈回去之后，A 对 B 的理解给予某种推测和认知，A 根据这种推测和认知直接调整自己的表现；同时，A 对自我表现也有理解和认知，当自己察觉自我表现不当，不符合与 B 的关系时，立即调整自己的表现。从图式中可以看出，在 A 和 B 对 A 的表现所给予的理解中，有一个重要环节在其中起作用，就是对B来说是B与A的关系，对于A而言是A与B的关系。[16]

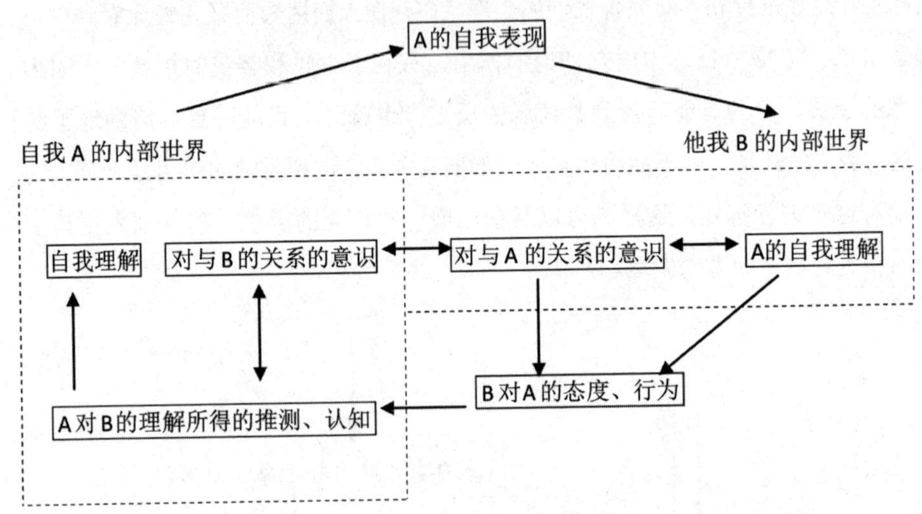

图 3-2　A 的理解和 A 对 B 的理解所给予的认知

由上可知，实名博主在微博中建构自我时，除了有对自己的认知、评价外，还要考虑想象中的现实生活中的朋友及家人对自己的评价，他们“从别人反射出来的光里看到自己”[17]，别人评价他们的方式左右着他们对自己的评价。一首国外童谣[18]形象而直观地反映了这点：

有个老太婆，
我听别人说，
她去赶市集，
要把鸡蛋卖。
她去赶市集，
那天是集日，
谁知她睡了，
就在大路上。

小贩旁边过，
名字叫矮胖，

剪了她外套，
剪去一大圈。
剪到膝盖上，
那个老太婆，
发抖又冻僵。

那个老太婆，
一觉醒过来，
开始打哆嗦，
然后全身颤。
满脸带狐疑，
接着大声叫：
“老天发慈悲，
这可不是我。”

“但若这是我，
若是如我想，
我家有只狗，
它会认识我。
但若这是我，
它会摇尾巴，
若这不是我，
它会吠呜咽。”

婆婆回到家，
周围一片黑，
小狗猛跳出，
开始叫汪汪。
它在汪汪叫，

她却高声吼：
“老天发慈悲，
这可不是我。”

因顾及自己身份的真实性，考虑到朋友、同学和家人会浏览自己的微博，实名博主就会倾向于向身边的人提供清楚的社会信息、记录现实生活、表达他们的观点，以期获得与他人“镜中我”一致的印象。若建构的自我与他人眼中的自我相差太大，在现实生活中，他们还要费劲向家人、朋友、同学解释，因为现实生活中的人们会用“前后是否一致”来判断一个人的“诚实”或“虚伪”，若反差太大，个人就会破坏自己原先在人前所呈现出来的印象，而有被责为“虚伪”的危险，为此，自己就得向众人“费力解释”。为了不冒“费力解释”的危险，他们就会建构出与“镜中我”一致的自我。为了一致，他们或直接再现现实生活中的自己，或修改在微博中偶尔流露出来的“印痕”以求认知上的“和谐”；他们绝不会在微博中呈现与“镜中我”完全不同的自己，而让现实生活中的人来适应这个对于他们来说完全陌生的自我。如此种种，都决定了实名博主主要会用叙事的方式来再现现实生活中的自己，而较少像匿名博主那样用“深描”的方式来揭露自己最为深层的心理。

二、自我叙事与现实我的再现

叙事就是讲述已经发生、正在发生或可能发生之事件。[19] 叙事心理学认为，叙事本身与建构自我息息相关，是自我探索的一种方式。麦克亚当斯指出，我们不是在叙事中“发现”自我，而是在叙事中“创造”自我。在叙述中我们才能够认识自己，审视过去，祈望将来。[20]

许多思想家认为，自我叙事是自我再现必不可少的体裁，在已开展和期望继续发展的典型故事中，身份得以发端和形成。[21] 吉登斯也指出：“个人的认同不是在行为之中发现的（尽管行为很重要），也不是在他人的反应之中发现的，而是在保持特定的叙事进程之中被开拓出来的。”[22]

像所有的社会化媒体一样，微博也与自我呈现有关。从社会学的角度讲，微博属于自我生产。微博空间的主要特征是一个仅能容纳140字的文本框，这是一个关于“何事正在发生？”或“有什么新鲜事告诉大家？”的文本框架。这个文本框召唤着用户每天用简短的字句来更新自己的近况，讲述自己的见闻，或分享自己当下的心情、行踪及经历。从传播学的角度讲，“人不能不传播”，140字的文本框刚好为人们提供了简洁实用、方便快捷的传播通道。对微博持续性的定期更新成为微博主构建自己身份的有意义的一部分。每天关于吃饭或穿着打扮的发布，很容易被视作琐碎、平凡。但是，社会学家布迪厄认为，“平凡”的日常生活蕴含着“不寻常”的意义。微博看似琐碎、平凡，但却是自我确认的重要工具；看似平庸的微博成为表明“看着我”或“我存在”的重要平台。140字的限制使得微博主的自我叙事碎片化，自我的经历形成一系列的片断，自我的形象分解成大量的生活“照片”，每一张“照片”都有独立的意义。

“自我”的意识不可能在一个封闭的个体中萌发，而是“他者”渗透的结果，“他者”永远是理解“自我”不可或缺的参照系。人际传播中米德的“主我、客我”概念，库利的“镜中我”概念都强调了“他者”的存在对“自我”的意义。在微博传播中，“他者”的参与丰富了自我叙事的文本世界，也共同影响用户对“自我”的建构。反过来，对外在于“我”的任何人事的言说事实上最终都体现了个体对自我的建构。

在微博空间中，大学生既可以“关注”他人，也可以拥有自己的“粉丝”。大学生可以阅读和评论所关注对象的微博文本，同时，自己的微博文本也可以被自己的粉丝所阅读和评论。为了能查看动态，也能在同一系统内穿梭于自己和他人的社交网络，大学生需要建立和链接与他们相关的网络用户。因此，微博依存的是一个高度相关的社会空间，在此空间中，信息消费被创造并激发。换句话说，进入信息流和加入微博空间中的对话，用户必须建立彼此之间的链接。于是，大学生在微博空间中会列出自己所关注的对象以及关注自己的粉丝，并对他们进行管理。比如可以将所关注的对象进行分组，分为“媒体人”群、“学者”群、“同学”群、“笑星”群，等等；而对自己的粉丝，则可以选择按“最近联系人”、按“关注时间”或按“对方的粉丝数”来进行排序管理。因此，微博可以说是一个松散的关联结构，此间有更紧密的集群或者说围绕特定主题和兴趣而形成的亚群体，他们在互相的 阅读和评论中，建立了彼此间的闲聊寒暄关系。

微博主通过发私信、评论、回复，甚至直接“@”到对方微博的方式发表简短的寒暄语或闲聊类消息，目的在于维持关系或搜集有关他人的社会信息。关于日常微不足道、琐碎事情的闲聊寒暄看似无意义，但当这些社会信息的小片段汇集在一起时，会变成生活的复杂肖像。[23] 在寒暄和闲聊中，社会信息得以在网上被创造、共享和搜索，这有利于维持或加强“说者”和“听者”之间的密切关系，使“听者”了解更多远方朋友的有用信息。

除了通过文本叙事，大学生们还通过照片叙事来建构自我。有理论家认为，个人照片是自我认同的同等物（“我们的照片就是我们自己”）。20 世纪 70 年代末，罗兰·巴特（Roland Barthes）强调了认同与记忆之间的紧密联系：照片是对以前外貌的可视提醒物，它们召唤我们回顾过去所发生的一切，同时也告诉我们该如何记住年轻时候的自己。我们重新塑造我们的自我形象去适应以前拍的照片。当我们被照片召唤时，记忆也就产生了，即使照片看起来呈现了关于过去的复杂的影像，我们的回忆也从来不会相同。然而，我们用这些照片不是修改记忆，而是重新评价过去的生活，回顾过去的样子，反思现在的样子，甚至猜想将来的样子。[24]

微博主通过讲述最近发生的事情设定、确证和认同着自己，而接近于“自我民族志”的一系列照片则加强了他们传播自己生活的能力，建构了过去的自我、现在的自我，以及将来的自我。

第二节　本我的浮现

“本我”是弗洛伊德在用精神分析的方法研究人的意识时所提出的概念，要使其含义丰富而确定，还必须还原到弗洛伊德将其与另外两个概念“自我”和“超我”所进行的比较。

弗洛伊德在用精神分析的方法研究人的意识时，把意识结构分为无意识、前意识和意识三个层次，与它相关联的是人格的三重性：本我、自我和超我。他认为“自我”是“受知觉系统的影响被改变了的本我的一部分，是外部世界在心理中的代表”[25]，“本我”是由“自我所延伸，行为像是无意识的那部分”[26]。“知觉在自我中起作用，而本能在本我中发生影响。自我代表理性，本我蕴含情感，两者由此形成对比。”[27]而“自我”与“超我”的区别在于“自我是外部世界和现实的代表，相反，超我却是内部世界和本我的代表”。“自我与超我之间的冲突，最终反映现实和心理之间的对立，外部世界与内部世界之间的对立。”[28]

“超我”表现社会规范下形成的某种人格特征，带有社会化色彩。“本我”表达欲望，是无意识与本能的主要领域，它不受时间影响，没有任何道德，只追求本能需求的完全满足。“自我”是连接和调节两者的中介层次。从个体的人格发展上看：在外部环境影响下，一部分的本我逐渐发展成了“自我”，自我作为本我的保护人，不断地协调、改变、控制本我的本能冲动，并使之与现实相一致。而受社会机构、规范约束形成的“超我”也通过外力强加并内投于自我，最终压抑了无意识的、自然的东西。自我、超我的形成，使得现实原则成为合理，它要求个体在“缺乏”这一基本事实面前学会限制，学会以理性的做法去获得满足。这样一来，不仅人的社会生存受到了压抑，本能也被不同程度地抑制了。因此，它时常会通过幻想或梦等虚幻形式泄露出来。[29]本我遵循快乐原则，超我遵循道德原则，而自我则遵循社会原则。

一、匿名、后台与本我的建构

（一）匿名与本我的建构

匿名历来被视为无法确定他人或他人无法认出自我。这可能是在一个大社会情境下，如人群；或在较小的范围内，如两个人通过网络的通信。海恩（Hayne）和赖斯（Rice）认为匿名真正有两大类：技术的匿名和社交的匿名。技术的匿名指的是在交换材料时清除所有富有意义的身份信息，包括取消姓名或其他来自互联网通信的确定信息。社交匿名是指因缺乏线索来辨认一个人的身份而将他人和/或自我视为不可辨别的。[30]

网络的匿名性有助于保护人的隐私，有助于本我的发泄。佩德森（Pedersen）认为匿名对隐私来说有三个功能：恢复（recovery）、发泄（catharsis）和自由

（autonomy）。恢复包括在避难和放松情况下对个人情形的结果的积极考虑。它是与匿名有关的最重要的因素。如果个人公开地表达他们的情感而没有人知道他们是谁，效果最显著。在网络中，个人在匿名的情况下表达自己的思想和情绪而不用担心被认出、被评价。对于自由来说，匿名包含了体验新行为而不用担心社会后果。[31] 正是因为隐私能受到匿名的保护，博主才会放心地展示、揭露与现实生活中的我不同的一面，提供更多关于自己的信息，表达他们的所感、所思，即本我的展示。至于那些他们没法拒绝的“过客”“陌生人”，他们不觉得对自己有什么不利。就如吉布斯（Gibbs）所说，匿名使人更诚实和友好，就如匆匆而过的路人，其交往相对来说，没有什么负担，因而容易放开[32]，这为本我的浮现提供了很大的方便。人格身份在现实社会无法显现的部分获得了一种表露的途径，在微博平台上，人不必封闭于自我内心的小圈子里，而匿名营造的场景使得暴露身份后的“本我”依然处于“不暴露”的安全状态之下，抒发自我的障碍和社会禁忌减少了，束缚得以解脱，受压抑的思想和行动可以通过文本方式，表达出人们交往中受到抑制的真情实感和日常生活中不为人知的自我人格特征。[33] 如小甘在微博上写的很多都是“不开心的事”，在微博中抱怨、责怪他人对自己的不公正待遇，而在现实生活中他是不敢当面这样责骂人的。瓜达尼奥（Guadagno）和 Yao 认为，在匿名的网络交往中，会出现高度的私人自我意识，因为其他非口头暗示的减少，个人会更多地注意自己内在的思想、情感、态度和信念，而较少注意其他观众或谈话伙伴。[34] 应用在微博上，这表明个人会更多地写作微博，而较少关心其他人如何看它。

（二）后台与本我的建构

任何个人在某环境中的行为可被分成两大类：“后区”或后台行为，“前区”或台上行为。[35] 此处的“后区”和“前区”亦即戈夫曼所说的“后台”与“前台”。

“后台区域”或“后台”（back region）是“显现出被掩盖着的事实”的活动区域[36]。在后台区域中，个体可以使自己“放松下来”，可以表现出行为与角色的不一致或不符，甚至可以展现与前台完全不同的或相反的行为和语言，可以安全地为前台做各种“筹划”和“排演”，甚至可以表现出对他人（前台的观众）

的“嘲弄”“贬损”和“仪式化的亵渎”等所谓“缺席对待”的行为呈现。[37] 后台语言与行为与前台语言的仪式化、规范化和礼仪化相比，具有随便、不规范、常容易伴有亲昵色彩的小动作等。[38] 但是两者的区分不仅基于空间的局部化，同时基于互动的情境参照而变化。更需要关注的是，即使是同一空间和情境下，如果能（适当地）引入一种“后台风气”，那么前台就可能变成后台。再考虑到网络时空情境和参与者身份的匿名化，这都使微博的前台和后台更加复杂。匿名微博是后台，实名的微博则是前台。

微博的“前台匿名”营造了一种“后台”的氛围，前台匿名的大学生们往往会卸掉在老师、同学、朋友面前所戴的“面具”，放松自己的身心，向内透视，将目光投向自己的内心深处，探寻、释放那个被现实我、超我所压抑的本我。

匿名的微博主喜欢选用黑色、紫色或虚幻的色彩作为自己空间的色调，这些色调就好比“面纱”，用以遮住他们自己的“面庞”，以便在自己的空间展示本我。他们有的在自己的“后台”空间描述自己的恋爱经历，吐槽恋人带给自己的喜怒哀乐，特别是失恋时的哀伤。有的吐露自己对某某老师上课的评价。有的则用大胆的、不甚文明的语言发表自己对社会、对时事的看法和意见。见下面微博。

（1）我像孤独的渔夫…说不出…爱的温度…很想给你幸福…你却自我保护…转弯处…只剩下潮汐之外的荒芜…在海里迷了路…找不出心的归属…思念越尝越苦…心跳乱了脚步…怎么我读不懂你唇语之间的无助……

（2）四季很好，因为你在。小心编织的梦，缠绵地享受着，此刻，想你的心有些幸福，只是幸福感觉来得有些难过。你手心按住心跳的地方是加速的，猛烈的，温暖的，可如今你却亲手让它成了心灰意冷。自我抗拒里，你的心背叛了你的感觉，同时，你也送给了我今生无法医治的内伤。

（3）不要让我心烦！心烦能影响我的工作热情，工作效率，更能影响我吃饭！不吃饭我会更烦，我现在想摔手机，因为我很烦，待会儿还要排练，下午还要回课，请不要让我烦！我心烦还能影响我的学习，我的专业！我想骂人！！请别让我心烦！心烦我就语无伦次！我开始怀疑自我了！

（4）真希望有些老师能转一点靠谱实用的生物钟什么的，理想主义做给领导看还是学生看呢，做工作不以现实为依据，这水平，只能自说自话自娱自乐吧，呵呵。

（5）为什么现在教育界人士都觉得现在的学生一届比一届难教？原因很简单，父母作为第一任老师，有个别家长为了所谓的优越经济家庭环境只顾赚钱而忽略了精神上的家庭概念，导致现在个别学生以自我为中心，自私，事情都首先以利益为先，不善交往等诸多问题浮现。最后只怪学校不好老师不好，其实是这个别家长开不好头。

简而言之，匿名为博主营造了一种“后台”的氛围，在这种“后台”里，大学生会卸下现实生活中所戴的“面具”，所扮演的角色，放松姿态，随性所至，释放自己的本我。

二、自我揭露与本我的浮现

自我揭露（Self-disclosure）是将个人信息揭示给他人的行为[39]，是告诉以前不知道的事，使之成为共识，让自己被他人知晓的过程。华勒斯（Wallace）认为，用户越来越倾向于向网络揭露自己。帕克斯（Parks）和佛洛伊德（Floyd）发现网络中存在高度的自我揭露。麦肯纳（McKenna）和巴格（Bargh）也发现，网络中的自我揭露有着对现实生活强有力的反响。[40]乔因森（Joinson）认为，网络中的自我揭露要高于面对面的揭露，因为网络匿名减少了揭露者的受伤害的可能性。[41]

1955年，美国心理学者约瑟夫·卢夫特（Joseph Luft）和哈瑞·英汉姆（Harry Ingham）提出了“约哈瑞之窗”（johari window，两个人的名字各取一部分而成）理论，依据双方对信息的知晓与否，交往中人们自我表露、传递信息时存在着四种区域：第一个方格称为“开放区”，它是自己和别人都了解的信息所构成的透明的窗格；第二个方格称为“盲目区”，是自己不了解但别人了解的信息（如隐私）形成的不透明窗格；第三个方格称为“隐秘区”，是自己了解但别人不了解的信息所形成的隐蔽的窗格；第四个方格称为“未知区”，是别人和自己都不了解的信息所形成的未知窗格。[42]见下图：

	自　知	自不知
他　知	1. 开放	2. 盲目
他不知	3. 隐秘	4. 未知

图 3–3　Joseph Luft 和 Harry Ingham 的“约哈瑞之窗”

人们在自我表露、传递信息时到底选择“约哈瑞之窗”的何种区域，与环境有关，也与人的自我意识有关。现实生活中，由于环境、场景的限制，人们往往担心过多的自我揭露会降低自己的身份，会使对方感到压力，使双方难以建立自然的、平等的交流关系；于是着意控制，有意降低自我揭露的程度，倾向于传播“开放区”的信息。而在匿名的网络世界中，面对素不相识者，不会有对交往对象的社会地位、经济收入、种族、肤色、身材、相貌的考量，不必担心自己的服饰、举止是否违反规范，是否符合身份，因而一个人会比在现实生活中更有勇气坦露心声，暴露内心世界，甚至个人隐私。马西森（Matheson）和赞纳（Zanna）发现，网络传播中的用户比面对面传播中的主体会表现出更多的私人自我意识、更低的边缘化的公共自我意识。而且已建立的高度私人自我意识会导致自我揭露的增加。弗兰佐伊（Franzoi）和戴维斯（Davis）发现，私人自我意识强的青少年比私人自我意识弱的青少年更愿意揭露有关自我的信息。与此相类似，自我意识强会导致个人身体、情感显著性的增加。[43] 乔因森（Joinson）的研究表明，匿名使得私人自我意识的增强、公共自我意识的减少，从而导致网络传播中的自我揭露高于面对面传播中的自我揭露[44]，多了本能的、强烈的、夸张的个人自我揭露，而少了固有社会规范的约束[45]。

同理，在匿名的微博中，因私人自我意识的增强、公共自我意识的减少，个体自愿将别人不了解的人格侧面——秘密区域，受到抑制的部分自由地暴露出来。如有的在自己的微博空间中揭示了自己的宗教信仰，有的则揭示了自己的性取向和对同性恋的态度。见下面微博。

（1）主耶稣，今晚我双手合一，请帮助我把心安静下来；我愿意现在就放下一切的重担，不再挣扎用力。救我脱离自我中心的恶性循环，我要单单来到你面前注视你！阿门！

（2）有没有人跟我一样，不想起床，可却还要起床，不想上学，可却还要上学 ~~

（3）其实，这世界本没有什么同性恋、异性恋、双性恋、姐弟恋、师生恋、神马恋的等，只有两个人相爱了，就这么简单。

（4）一直被同性恋的逻辑问题困扰，说出来又怕得罪人，但忍不住了，先声明绝对不歧视同性恋。举例说明：两男，称为 A 和 B，假设男人真的可以内心是女人，再假设 A 是同性恋就代表是女的吧。问题是 B 呢，如 B 是真男人，则 B 喜欢女人，不会喜欢内心女人的假男人；如果 B 也是内心女人，那 AB 你们两个女人在一起做甚啊。我真纠结啊。

自我揭露有助于揭露本我，大学生在不断地自我揭露的过程中，其鲜活的本我一步步地跃然纸上。

第三节　理想我的呈现

现实生活中，人们的现实自我与理想自我、应该自我之间有差异是一种常见而又重要的现象。早期研究者很早就注意到，许多人因为现实自我与理想自我、应该自我之间的差异长期存在，难以消除，从而产生各种各样的不良情绪。

美国人本主义心理学家罗杰斯很早就对理想自我与现实自我的差异，及其与心理健康之间的联系进行了研究和探讨。在具体的测验中，他将现实自我与理想自我之间的差距作为衡量心理不协调的指标。[46]1987 年，希金斯（Higgins）提出了比较系统的自我差异理论（Self-Discrepancy Theory，简称 SDT），并对其进行了实证研究。他将自我区分为：现实自我（actual self）、理想自我（ideal self）和应该自我（ought self）。“现实自我”是指个体自己或他人认为个体实际具备的特性的表征。“理想自我”是指个体自己或他人希望个体理想上应具备的特性的表征。吉登斯认为，“理想自我”就是“我想成为的自我”，它是“自我认同的核心部分，因为它塑造了使自我认同的叙事得以展开的理想抱负的表达渠道”[47]。“应该自我”是指个体自己或他人认为个体有义务或责任应该具备的特性的表征。理想自我和应该自我称为自我导向（self-guides）或自我标准。自我差异（self-discrepancy）指现实自我与自我导向之间的差距。现实自我与理想自我的差异会导致沮丧类情绪，如抑郁、失望、挫折感、羞耻等。现实自我与应该自我的差异会导致焦虑类情绪。[48]

以上研究主要注重自我差异的消极效应，而忽略了自我差异的积极效应。网络的崛起，引发一些研究者开始研究网络情境中的自我情况。他们认为，网络中非口头暗示的减少使用户体验了强烈的匿名感[49]，这种匿名在一定情况下，比面对面交往更可能使参与者进行夸张的、理想化的自我陈述[50]。在此基础上，本文分析大学生如何在微博空间中积极主动地建构自己的理想自我，经过考察得知，微博主主要通过如下三种方式建构理想自我。

一、美化自我

自我意识视角认为，在一定时刻，个人的注意力要么向外指向外部的环境如任务、他人、社会情境，要么向内指向自我的不同方面。当个人将自己视为社会客体时，公共的自我意识会产生，公共自我意识高的人倾向于关心他们的公众形象和印象管理。[51]为此，写作时他们总是想象读者的存在[52]，往往要对自我进行修饰、美化，以期呈现出令读者感到满意的自我。大学生对自我的美化，主要是通过印象管理来实现的。

最早明确提出印象管理概念的是戈夫曼，在其经典著作《日常生活中的自我呈现》中，戈夫曼将生活比喻为舞台，人们在这舞台上为不同的社会观众表演，为此，人们需要将自己作为受欢迎的人呈现给他人，这会促使行动者管理他们的行为以向他人呈现令人喜爱的和适当的印象。他认为，个人在其印象形成中是可以运用策略的，在面对面环境中通过“控制性”表达（如口头交流）和“自然流露”（如非口头的暗示）来完成。[53]在网络环境中，因缺乏表情、眼神等非口头的暗示，个人更会倾向于一种“控制性”的表达（多限于文字）。有人认为，个人在网上比在网下更能进行印象管理，如过滤掉不礼貌的信息让他人将自己看作是有礼貌的人，或将可视化的自我形象改为自己想要的那种类型，而不必与他们实际的相貌相似。[54]

大学生在微博中可通过以下两方面的印象管理来美化自我。

（一）空间设计

像卧室一样，交互性的、多维度的网络日志空间为年轻人体验和展示身份提供了一个安全的、个人所有并受个人控制的空间。[55]

微博空间如大学生的卧室，个人对其拥有所有权和控制权。他们可通过背景色彩、图片、陈列、文本和文字来设计自己的微博空间。他们会花大量的时间使用一系列象征他们身份的图片、符号、背景设计，以建立独特的微博空间的外观。附有图片的描述能提供更深入的信息，往往是对个人生活事件的叙事或对一些问题所持观点的解释，而图片则作为一种形象例证。图片是理想、渴望的意识流，为体验和发展他们的身份，他们将这些图片作为潜在自我转换的客体。[56]除了色彩、式样和图片的融合，还有“用户信息”，包括“个人资料”“粉丝”和“加关注的朋友栏”。“朋友栏”在自我呈现中起着至关重要的作用，正如Miller所说，“告诉我你联系的人，我会告诉你是什么样的人”[57]。除了文本外，还有数字照片和多媒体等其他形式的装饰。一篇篇日志则展示了情感和思想，就像物理空间中的社会行为——每天按事件、主题来变化。

有的大学生喜欢回到童年，就将自己的空间设计成天真烂漫的风格，将自己的儿时照片放上去，还将所喜爱的宠物狗做成微博的背景墙。有的大学生把自己最理想的照片放入微博，做成微博墙，希望一直保持如此美好的形象。有的大学生喜爱卡通，就将自己的微博设计成卡通漫画的模样。有的爱好旅游，就以城市为空间背景。有的爱好读书，则以书为空间背景，并在空间中每天写下读书笔记。有的爱好听音乐、听广播，就把音乐和广播音频链接在自己的微博中。

（二）博文写作与编辑

因无法看到对方的社会面貌以及行为，博主所建构的印象就只能通过言说来实现，在现有的网络技术条件下，这种言说一方面通过纯文本的形式，一方面通过图片、语音和视频的形式来实现。文本形式的印象管理手段是不见其形，不闻其声；语音形式是不见其形，但闻其声，虽然不见其形，但其声却给了我们一种真实感；视频（同时带语音）是见其形，闻其声，他提高了对对象的可知可感，却也因此减少了对对方的想象。[58] 大学生微博中绝大多数还是通过文字和图片（含照片）的方式来进行理想自我的呈现，他们基于所提供的文字表达，"我们把自己的身份简化并编码为显示屏上的文字，对他人身份进行解码并打开他人身份的文件包"[59]，通过想象，借助于交互感应，从而形成了对彼此的印象。

阿德金斯（Adkins）和布莱舍斯（Brashers）认为强有力的语言与无力的语言会影响网络传播中的人际印象。[60] 网络中的传播策略和简单易行的技术为大学生在微博中的印象管理和有选择性的自我呈现提供了方便。

首先，有大量的时间供用户润饰其表达。微博具有延时性，它不像 QQ 聊天，QQ 聊天时会想到另一端的人在等待自己的话语，因而不好长时间润饰自己的语言。它也不比面对面的交流，面对面交流中的任何一方若无话可说，双方都会感到尴尬，会想方设法另找话题。微博的延时性，使得博主既可以在白天忙中偷闲，快快草就，也可在夜深人静时慢慢斟酌，精心润饰，美化自己，呈现出令自己和他人都满意的理想自我。

其次，在远离读者的情况下，博主不用担心对方的表情与姿态来影响、打断自己的表达，从而能更专注于自己博文的写作，也更讲究选择性和策略性。博主会在设计日志的过程中，有意识地对传播形式和表达风格进行选择，精心筛选个人的生活经历，修改部分细节，虚拟部分感受，省略自认为不便或不适宜于表现和公开的信息，从而在读者心目中获得理想的印象，引导读者将其看作是可信赖的、有能力的、有活力的、有文化的人，从而更会获得社会赞赏[61]。正如瓦尔特（Walther）所说，视觉匿名允许网络用户建构一个占主导地位的积极印象，从而在对方心目中产生一个理想化的印象。[62]

再次，博文是可编辑的。大学生既可在 word 上写好编辑后再将它张贴在微博中发送出去，也可以在微博自带的文本框中边写边修改，然后发送出去。即使发送出去后，还可以再修改，甚至删除。网络编辑系统使得编辑比笔和纸的使用更方便。在发送前改变文章的内容和形式是面对面的交往所无法提供的，现实生活中，"说出去的话如泼出去的水"，难以收回；而在微博中可将发出去的博文再加以润饰，可以省略、窜改，甚至删除他们认为不好的或有害的个人信息，制造、夸大或强化自我中积极的一面[63]。除了文字文本是可编辑的外，照片也是可编辑的，微博的延时性使得博主在张贴前有无限的时间来建构和美化照片，编辑照片以最大化地满足他们的要求，通过掩饰照片中的一些瑕疵来控制照片所揭示的信息。照片编辑加强了用户的印象管理。[64]

正是微博的延时性、疏离和可编辑性，使得大学生的"理想自我"有了更多伸缩自如的表意空间，既可取悦观众，也可构建与自己的理想自我相一致的公众自我形象。

二、投射于他人

投射一词最初来源于弗洛伊德对心理防御机制[65]的命名。弗洛伊德发现，投射否认对自己的不快指责，而将这种指责投射到他人身上。投射作用（Projection），就是指将自己欲念中不为社会认可者加诸他人，藉以减少自己因此缺点而生的焦虑。[66]除了弗洛伊德的消极投射外，还有一种积极投射，亦即将潜意识中的理想、愿望、情感等投射到他人身上，本文此处要谈的就是积极投射，亦即大学生将自己"想成为的自我"投射到他人身上。

据霍尔姆斯（D.S.Holmes）对投射维度匹配的分类[67]，投射可分为四个类别：一是相似性投射，即一个人没有意识到自己的特质，而不自觉地将自己的特质投射到对象物上；二是归因投射，即一个人在意识到自己特质的基础上，将自己的特质投射到对象物上；三是互补投射，是把自己意识到的互补特质进行向外投射；霍恩伯格的研究表明被投射的特质是对被试者自己本身特质的补充；四是潘格罗斯一卡桑德拉[68]投射，这种投射是投射者没有意识到自己具有一种相反的特质，而进行的不自觉的投射。例如，一个把世界看成是积极向上的人，在他的潜意识中实际会存在着消极的情感。

综观大学生微博可以得知，大学生对"理想自我"的投射主要是通过"加关注"

来体现的。大学生在“加关注”时要对所“关注”的对象有所取舍，因为写微博的人很多，他不可能关注所有的微博用户。他会精心选择自己所要“关注”的对象，这些被精心选择出来的“被关注者”就是他投射“理想自我”的对象。

（一）关注/投射于亲友

在关注亲友中投射自己的理想我，这种方式在微博空间中占有非常大的比重。这与微博最初创设的用意——为微博主提供告诉亲友自己“正在哪儿”“正在做什么”的平台有关。

大学生将“理想我”投射到亲友身上，主要采取的是归因投射和互补投射。其中，归因投射占很大比重。物以类聚，人以群分，这一点在微博空间中也有体现。大学生除了关注自己熟悉的家人外，更多关注的是同学。大学生会依据自己的专业来选择所关注/投射的对象，他们关注的大多是本专业的同学朋友，老同学在微博中所展示的心得体会、成就感，是他们所正在追求的，因而成为鼓舞他们前进的动力。这就是归因投射。除此外，大学生感觉自己想不到做不到或者想到却做不到的事，而自己的旧友却能想到、做到，于是大学生就把自己意识到的互补特质投射到他们所关注的旧友身上，希望像他们那样开朗洒脱，宽容友爱，敢于批判不公正、不合理的社会现象，倡导公益行动、奉献爱心等。

（二）关注/投射于名人

心理学认为，偶像崇拜是个人对所喜爱的人物的社会认同和情感依恋。埃里克森认为，儿童进入青春期以后，原有的自我概念遭到破坏，自我出现分裂和危机。他们急需在公众人物中寻找一个活生生的形象作为自我的代表。青少年对偶像的选择是自主性选择，对偶像的崇拜是青少年自我意识觉醒的一种表现，他们对自己的偶像具有一种狂热的崇拜，他们会因自己偶像的成功而欢呼雀跃，也会因偶像的失利而悲伤难过。

社会化媒体技术能使人们通过创建内容、共享内容来建立普通微博主与名人之间的联系。在微博空间中，名人可通过揭示个人信息，用语言和文化符号创建其与公众粉丝之间的熟悉感和亲密感，而对于普通的粉丝大学生来说，微博的吸引力在于他们可直接访问名人，尤其是获得有关名人的“内幕”信息、名人照片，以及他们的观点陈述等。他们通过关注名人，通过与名人接近从而获得日常生活的意义。见下面微博。

（1）#我要TA的微群明星勋章#我已关注了周笔畅、加入了周笔畅的粉丝微群（群号：213877），获得了周笔畅的专属明星勋章“周笔畅勋章”。如果你也喜欢周笔畅，那也赶快来领取一枚吧！（网页链接）

（2）#我要TA的微群明星勋章#我已关注了刘诗诗、加入了刘诗诗的粉丝微群（群号：875379），获得了刘诗诗的专属明星勋章“小狮子勋章”。如果你也喜欢刘诗诗，那也赶快来领取一枚吧！（网页链接）

（3）#我要TA的微群明星勋章#我已关注了张杰、加入了张杰的粉丝微群（群号：102616），获得了张杰的专属明星勋章“星星勋章”。如果你也喜欢张杰，那也赶快来领取一枚吧！（网页链接）

名人身上具有的优秀品质是大学生“理想自我”的体现，如刘若英的知性，“微博女王”姚晨的自由随性、追求完美、热衷公益，杨澜的干练、自强、自立，靳羽西的高雅、挑战自我、超越自我，周杰伦的孤独、沉默与率性，等等。大学

生粉丝们在名人们身上可以看到自己的影子，将自己的“影子”投射到名人身上，反射回来的则是名人身上的“光环”（见下面微博）。他们常用的是归因投射，自己意识到自己的性格特征，并将此性格特征投射到名人身上。

略伤感。看了许晴，感觉自己有些方面很像她，希望得到别人的重视，经常把情绪摆在脸上，有人能理解接受，有人不能理解接受，就越走越远。跟许晴一样，我不会改变自己，但会让自己更融入，更好的生活，希望周日的旅行一切顺利！

他们所看重的名人身上的特质，往往是他们身上已经具备的，他们在名人身上找到了某种契合点。也正是因为这种契合点，名人才被他们选中，被关注，被承载许多期望，陪伴他们一起成长。粉丝们在名人身上倾注了自己最珍贵的情感，因投入的太多，他们就会不离不弃倍加珍惜，一路关心名人们的光辉与落寞、成长与喜悲，并作为自己的榜样。既然具有相似性，那么，名人的成长就是自己的成长，关心名人事实上就是在关心自己，名人们的未来不只是他们的未来，也是众多支持者粉丝们的未来，那是他们共同的梦想共同的远方，甚至于有些善于幻想的人，早已把自己当成名人本身，合二为一了。

（三）关注 / 投射于公共事件中的相关者

除了关注亲友、名人外，微博主还会关注公共事件中的相关者，他们对公共事件相关者的投射主要采取的是相似性投射。

微博的即时性与便携性使得寻常事件、突发事件的目击者甚至当事人能在第一时间通过自己的微博传播事件，尔后经过他人不断地高转发、高评论，使得消息在网络上快速传播，形成一种裂变式的“几何级”的扩散，在扩散的过程中，寻常事件、突发事件逐渐演变成为公共事件，而事件的相关者也会随着事件的“公共化”浮出水面，成为受人关注的公众人物。

“靠蹬三轮捐助 35 万，白方礼老人用无私点亮爱的传递”“男子 4 年献血三万八千毫升为妻子续命”“单腿护路工义务修补路面多年感动乡里”“海航空姐跪地喂患脑梗老人进食”“男子海边溺水，大连新娘穿婚纱海滩施救”等被列入 2015 年度“感动微博”十大正能量事件[69]之中。这些事件中的公众人物都成

为大学生敬佩、点赞和支持的对象，他们不自觉地将对真善美的追求投射到这些公众人物身上，实现一种由自我向“理想我”的升华。

三、虚拟另一身份

除了美化自我、投射于他人外，大学生还有一个呈现理想我的方式，那就是“虚拟”出另一个身份，通过这个“虚拟身份”来呈现“理想的自我”。

现实生活中的人要确定自己的身份，先要有一个名字，若名字被他人顶替，自己就会失去身份，也失去一些相应的权利，如湖南邵东罗彩霞遭人冒名顶替上大学后[70]，自己不能开通网上银行业务，也不能办理教师资格证和大学毕业证（因为冒名顶替者已占了先机），为此，她不得不选择法律途径要回自己的身份。微博中也是如此，要确定一个虚拟的身份，也是先要给这个身份取个名字，即化名（pseudonymity）。戴森（Esther Dyson）说，“个人给自己取一个法定姓名以外的名字，凭此在网上建立起一个虚假的，但经久不变的身份”，这就是化名[71]。由于人们在虚拟交往中以化名的方式出现，每一个人的自我认同必须经由与他人的互动过程，逐渐形成一个自圆其说的叙事，当人们在网络上长期用同一个代号后，环绕着这个代号就会凝聚出一个人际关系的网络，慢慢地这个代号就像是其在真实世界的外貌长相一样，长期戴着这个面具，也自然而然地对这个网络上的化身产生了认同，这个面具就因此成为人们自我认同的一部分。从他人的角度来看，这个化身也具有人格特质。[72]

在微博空间中，微博化名所提供的弹性，允许个人扮演虚拟的角色，并通过文字、图片、动漫、音乐播放、意见表达等各种手段来强化、稳固这个虚拟角色，在虚拟社区中获得角色认同的满足。大学生可以通过他们虚拟的化身来创建和想象自己，帮助自己看见未来的理想自我，从而鼓励自己要尽最大努力来实现这种理想的形象。因此，不同于希金斯（Higgins）的自我差异理论，在微博空间中，化身的实际 / 理想差异会对用户的情绪状态和健康行为产生积极的影响。有的热爱自然、渴望纯净，有的崇尚古典、追求雅趣，有的追求时尚、力求标新立异，有的崇尚独立、尽力张扬个性，有的追求小资情调、渴望享受生活，有的崇尚自由、渴求民主，有的愤世嫉俗……

个人的角色面具其实是社会期待的体现，人（person）的原意就是面具（persona）。当人们在网上创造和扮演自己所选择的角色时，这个面具就成为人们人格（personality）的一部分，在开放而动态的场景下人能大胆表现自我，实现人的行为与“自我认同”的统一与协调。[73] 与完全匿名环境下的虚拟身份（如特克所说的多用户地牢）不同的是，微博中所虚拟的身份会受到现实生活的影响，现实生活中的经历成为大学生建构理想自我的背景元素。

本章小结

与“以往的某种网络样式只建构单一的片断化的自我”不同的是，“实名制”下的微博更倾向于建构“现实自我”，即通过微博的实名、前台氛围可再现与他人印象一致的“现实我”。此外，大学生通过微博的匿名、后台氛围也可揭露潜意识认同的“本我”，体会“本我”的快乐；还可以通过印象管理策略呈现自我与他人所期望的“理想我”，通过“加关注”的方式将理想我投射于他人以及虚拟“想成为的自我”，以获得自我价值的实现和自尊感的满足。当然这三者并不是截然分开的，即使是匿名微博也能建构现实我，虚拟另一身份既能建构理想我，也能反映现实我。这说明微博便于建构全面、完整、系统的自我。

注释：

[1] Zhao, S., Grasmuck, S., & Martin, J. (2008). Identity construction on Facebook: Digital empowerment in anchored relationships. *Computers in Human Behavior*, 24(5), 1818-1820.

[2] 沙莲香. 社会心理学 [M]. 北京：中国人民大学出版社，1987:167.

[3] 孙溯源. 认同危机与美欧关系的结构性变迁 [J]. 欧洲研究，2004(5):59-60.

[4] Kang, S. S. (2001). Reflections upon methodology: Research on themes of self construction and self integration in the narrative of second generation Korean American

young adults. Religious Education, 96(3):410.

[5] Kiros, T. (1994). Self-construction and the formation. *Journal of Social Philosophy,* 25(1):97.

[6] Whitty, M. T. (2008). Revealing the "real" me, searching for the "actual" you: Presentations of self on an internet dating site. *Computers in Human Behavior,* 24(4):1707-1709.

[7] 安东尼·吉登斯. 现代性与自我认同：现代晚期的自我与社会 [M]. 赵旭东，方文. 北京：生活·读书·新知三联书店，1998:58.

[8] Zhao, S., Grasmuck, S., & Martin, J. (2008). Identity construction on Facebook: Digital empowerment in anchored relationships. *Computers in Human Behavior,* 24(5):1818-1820.

[9] Huffaker, D. A., and Calvert, S. L. (2005). Gender, identity, and language use in teenage blogs. *Journal of Computer-Mediated Communication,* 10(2):24-25.

[10] Bargh, J.A., MeKenna, K.Y.A., and Fitzsimons, G.M. (2002). Can you see the real me? Activation and expression of the "true self" on the Internet. *Journal of Social Issues* 58(1):33-48.

[11] 杨善华. 当代社会学理论 [M]. 北京：北京大学出版社，1999:19.

[12] [德] 阿尔弗雷德·许茨. 社会实在问题 [M]. 霍桂恒，索昕. 北京：华夏出版社，2001:311-312.

[13] Whitty, M. T. (2008). Revealing the "real" me, searching for the "actual" you: Presentations of self on an internet dating site. *Computers in Human Behavior,* 24(4):1707-1709.

[14] [美] 欧文·戈夫曼. 日常生活中的自我呈现 [M]. 黄爱华，冯钢. 浙江人民出版社，1989:107.

[15] 沙莲香. 社会心理学 [M]. 北京：中国人民大学出版社，1987:167-168.

[16] 沙莲香. 社会心理学 [M]. 北京：中国人民大学出版社，1987:165-166.

[17] [美] 卡伦·霍妮. 自我分析 [M]. 许泽民. 贵阳：贵州人民出版社，2004:219.

[18] [美]卡伦·霍妮. 自我分析[M]. 许泽民. 贵阳：贵州人民出版社，2004：219-221.

[19] 聂庆璞. 网络叙事学[M]. 北京：中国文联出版社，2004:3.

[20] 马一波，钟华. 叙事心理学[M]. 上海：上海教育出版社，2006:93.

[21] Kose, G. (2002). The quest for self-identity: Time, narrative, and the late prose of Samues Beckett. *Journal of Constructivist Psychology,* 15(3):172.

[22] [英]安东尼·吉登斯. 现代性与自我认同：现代晚期的自我与社会[M]. 赵旭东，方文. 北京：生活·读书·新知三联书店，1998:60.

[23] Naaman, M., Boase, J., and Lai, C. H. (2010). Is it really about me? Message content in social awareness streams. Proceedings of CSCW-2010. Savannah, Georgia, 189-192.

[24] José van Dijck. (2008). Digital photography: communication, identity, memory. *Visual Communication,* 57(7): 63-68.

[25] [奥]弗洛伊德. 自我与本我[A]. 见：王嘉陵等. 弗洛伊德文集[M]. 北京：东方出版社，1997:270.

[26] [奥]弗洛伊德. 自我与本我[A]. 见：王嘉陵等. 弗洛伊德文集[M]. 北京：东方出版社，1997:268.

[27] [奥]弗洛伊德. 自我与本我[A]. 见：王嘉陵等. 弗洛伊德文集[M]. 北京：东方出版社，1997:268.

[28] [奥]弗洛伊德. 自我与本我[A]. 见：王嘉陵等. 弗洛伊德文集[M]. 北京：东方出版社，199:276.

[29] [美]马尔库塞. 爱欲与文明[M]. 上海：上海译文出版社，1986:495.

[30] Christopherson, K. M. (2007). The positive and negative implications of anonymity in internet social interactions: "On the internet, nobody knows you're a dog". *Computers in Human Behavior,* 23(6):3038-3039.

[31] Christopherson, K. M. (2007). The positive and negative implications of anonymity in internet social interactions: "On the internet, nobody knows you're a dog". *Computers in Human Behavior,* 23(6):3040-3042.

[32] Gibbs, J. L., Ellison, N. B., & Heino, R. D. (2006). Self-presentation in online personals: The role of anticipated future interaction, self-disclosure, and perceived success in internet dating. *Communication Research,* 33(2):154-156.

[33] 孟威. 网络互动——意义诠释与规则探讨 [M]. 北京：经济管理出版社，2004:137.

[34] Guadagno, R. E., Okdie, B. M., & Eno, C. A. (2008). Who blogs? Personality predictors of blogging. *Computers in Human Behavior,* 24(5):1994-1995.

Yao, M. Z., & Flanagin, A. J. (2006). A self-awareness approach to computer-mediated communication. *Computers in Human Behavior,* 22(3):518-525.

[35] [美] 约书亚·梅罗维茨. 消失的地域：电子媒介对社会行为的影响 [M]. 肖志军. 北京：清华大学出版社，2002:27.

[36] [美] 欧文·戈夫曼. 日常生活中的自我呈现 [M]. 黄爱华，冯钢. 杭州：浙江人民出版社，1989:107.

[37] [美] 欧文·戈夫曼. 日常生活中的自我呈现 [M]. 黄爱华，冯钢. 杭州：浙江人民出版社，1989:164-169.

[38] [美] 欧文·戈夫曼. 日常生活中的自我呈现 [M]. 黄爱华，冯钢. 杭州：浙江人民出版社，1989:122-123.

[39] Joinson, A. N. (2001). Self-disclosure in computer-mediated communication: The role of self-awareness and visual anonymity. *European Journal of Social Psychology,* 31(3):178.

[40] Joinson, A. N. (2001). Self-disclosure in computer-mediated communication: The role of self-awareness and visual anonymity. *European Journal of Social Psychology,* 31(3):178-179.

[41] Joinson, A. N., Paine, C., Buchanan, T., & Reips, U. (2008). Measuring self-disclosure online: Blurring and non-response to sensitive items in web-based surveys. *Computers in Human Behavior,* 24(5):2159.

[42] 马丁·布伯. 对人的问题的展望 [A]. 见：熊伟. 存在主义哲学资料选辑（上卷）[M]. 北京：商务印书馆，1997:185.

[43] Joinson, A. N. (2001). Self-disclosure in computer-mediated communication: The role of self-awareness and visual anonymity. *European Journal of Social Psychology,* 31(3):180.

[44] Joinson, A. N. (2001). Self-disclosure in computer-mediated communication: The role of self-awareness and visual anonymity. *European Journal of Social Psychology,* 31(3):177-192.

[45] Caplan, S. E. (2003). Preference for online social interaction: A theory of problematic internet use and psychosocial well-being. *Communication Research,* 30(6):631.

[46] 卡尔·R·罗杰斯著，阳光学译．个人形成论：我的心理治疗观 [M]．北京：中国人民大学出版社，2004:7,220.

[47] [英] 安东尼·吉登斯．现代性与自我认同：现代晚期的自我与社会 [M]．赵旭东，方文．北京：生活·读书·新知三联书店，1998:74-75.

[48] Higgins ET. (1987).Self-discrepancy: A theory relating self and affect. *Psychological Review,* 94(3): 319-340.

[49] Bargh, J. A., McKenna, K.Y. A., & Fitzsimmons, G. M. (2002).Can you see the real me? Activation and expression of the "true self" on the Internet. *Journal of Social Issues,* 58(1): 33-48.

McKenna, K. Y. A., Green, A. S., & Gleason, M. E. J. (2002). Relationship formation on the Internet: What's the big attraction? *Journal of Social Issues,* 58(1):9-31.

[50] Cornwell, B., & Lundgren, D. (2001). Love on the Internet: Involvement and misrepresentation in romantic relationships in cyberspace vs. realspace. *Computers in Human Behavior,* 17(2):197-211.

[51] Guadagno, R. E., Okdie, B. M., & Eno, C. A. (2008). Who blogs? Personality predictors of blogging. *Computers in Human Behavior,* 24(5):1994-1995.

Yao, M. Z., & Flanagin, A. J. (2006). A self-awareness approach to computer-mediated communication. *Computers in Human Behavior,* 22(3): 518-525.

[52] Miura, A., & Yamashita, K. (2007). Psychological and social influences on blog writing: An online survey of blog authors in Japan. *Journal of Computer-Mediated*

Communication, 12(4):1455-1456.

[53] ［美］欧文·戈夫曼．日常生活中的自我呈现[M]．黄爱华，冯钢．杭州：浙江人民出版社，1989:6-7.

[54] Lee, E. (2004). Effects of visual representation on social influence in computer-mediated communication: Experimental tests of the social identity model of deindividuation effects. Human Communication Research, 30(2):234-259.

[55] Hodkinson, P., & Lincoln, S. (2008). Online journals as virtual bedrooms: Young people, identity and personal space. *Young,* 16(1):28.

[56] Suler, J. (2008). Image, word, action: Interpersonal dynamics in a photo-sharing community. *Cyberpsychology & Behavior,* 11(5):555-560.

[57] Hodkinson, P., & Lincoln, S. (2008). Online journals as virtual bedrooms: Young people, identity and personal space. *Young,* 16(1):34.

[58] 屈勇．网络人际交往中的印象整饰[J]．今日中国论坛，2008(1):39.

[59] 马克·波斯特．第二媒介[M]．南京：南京大学出版社，2000.

[60] Walther, J. B. (2007). Selective self-presentation in Selective self-presentation in computer-mediated communication: Hyperpersonal dimensions of technology, language, and cognition. *Computers in Human Behavior,* 23(5):2540.

[61] Tidwell, L. C., & Walther, J. B. (2002). Computer-mediated communication effects on disclosure, impressions, and interpersonal evaluations: Getting to know one another a bit at a time. *Human Communication Research,* 28(3):317-348.

Dominick, J.R. (1999). Who do you think you are? Personal homepages and self-presentation on the World Wide Web. J*ournalism and Mass Communication Quarterly,* 76 (4):646-658.

[62] Joinson, A. N. (2001). Self-disclosure in computer-mediated communication: The role of self-awareness and visual anonymity. *European Journal of Social Psychology,* 31(3):179.

[63] Caplan, S. E. (2003). Preference for online social interaction: A theory of problematic internet use and psychosocial well-being. *Communication Research,* 30(6):631.

[64]　Shim, M., Lee, M. J., & Park, S. H. (2008). Photograph use on social network sites among South Korean college students: The role of public and private self-consciousness. *Cyberpsychology & Behavior,* 11(4):489-493.

[65]　指个人企图保护自己避开迫近的危险，从而保持一定安全感的某种过程及技巧。这个概念在精神分析理论中得到广泛使用，其目的往往在于减少焦虑、避免痛苦或者拒绝自我批评。防御的技巧主要包括：认同、文饰、回归、和投射。

[66]　张春兴. 现代心理学——现代人研究自身问题的科学 [M]. 上海：上海人民出版社，1994:455.

[67]　杨韶刚. 精神追求：神秘的荣格 [M]. 哈尔滨：黑龙江人民出版社，2002:75.

[68]　潘格罗斯是伏尔泰小说中的一个人物，他不承认自己所处的险恶环境，而坚持认为他看到了所有可能世界中最美好之处；卡桑德拉是古希腊的一位预言家，他预言到会有灾难发生，但是没有人相信他。

[69]　2015 年度“感动微博”十大正能量事件（一）[EB/OL]. http://weibo.com/p/1001603932690113000886,2016-1-18 17:37.

[70]　罗瑞明. 冒名上大学是现代版的“狸猫换太子”[EB/OL]. http://campus.chsi.com.cn/xy/lp/200905/20090508/23363341.html, 2009-5-8 9:39.

[71]　[美] 埃瑟·戴森. 2.0 版：数字化时代的生活设计 [M]. 海口：海南出版社，1998:315-316.

[72]　[美] 雪莉·特克. 虚拟化身——网路世代的身分认同 [M]. 谭天，吴佳真 . 台湾：远流出版事业股份有限公司，1998:259.

[73]　黄厚铭. 面具与人格认同——网路的人际关系 [EB/OL]. http://www.zuowenw.com/lunwenku/jsjlw/200809/393883_3.html, 2008-9-5.

第四章　角色的确认

角色认同理论起源于美国。它是基于米德的符号交互理论和詹姆斯的自我理论得以产生的。符号交互理论主要关注个体如何与群体进行互动，以及在这种互动基础上个体如何获得自我概念。与符号交互理论的关注点相似，角色认同理论假设，人们在不断地与他人交往中获得特定的角色，个体依据这些角色形成自我的观念，同时，在特定的情境中，个体按特定的角色来规定自我的言行。角色认同理论以角色获得为依据，从微观的角度来研究身份。

米德认为自我的发展主要有嬉戏、团体游戏和“一般化他人”三个阶段，每一阶段都意味着个体从角色领会中获得短期自我想象的演变，也标志着更为稳定的自我概念在进一步明确化。[1] 帕克是最早通过强调角色来发展米德思想的学者之一。他认为，无论何时何地，每个人都有意无意地扮演着某种角色，而自我就在多重角色扮演中得以呈现。默雷诺是最早形成角色扮演这一概念的人，他提出了三种不同的角色类型：一是身心角色，行为与一定文化条件下人们的基本生理需求相联系；二是心理角色，个体按特定社会背景的具体期望行事；三是社会角色，个体要遵从各种常规社会类别（如工人、母亲和父亲）的更一般期望。[2] 麦考尔和西蒙斯认为角色认同是一个人作为一个特定的社会位置的占有者为自己所设计的角色。每一种角色身份都包含两部分，除了与社会结构相连的常规部分外，还有由人们的想象所建构的特殊部分，即“理想化的自我”。[3] 斯特莱克提出，相对于我们在社会生活中所具有的每一种角色位置，我们都具有迥然不同的自我成分，即角色认同。[4] 某一特定的角色认同都代表个体的一个侧面，而所有角色认同的总和就构成了个体。特纳发展了米德以来的角色观，他指出，人们在三种意义上建构角色：一是当他们面临松散的文化结构时，要建构一个角色来扮演；二是人们假定他人也在进行角色扮演，所以建构隐藏在一个人行为背后的角色；三是在所有社会情景中，人们都寻求为自己建构一个角色，主要是通过向他人发出暗示，确认某一身份来实现。[5] 戈夫曼认为个人通过选择合适的角色扮演，能向他人呈现所期望出现的印象。[6]

归纳各个学者关于角色概念的定义，主要包括三种界定法：一是认为角色认同是个体对处在特定角色位置上的自我的知觉；二是认为角色认同是个体人格中一个复杂的、多侧面的特征；三是认为角色认同是个体与角色一致的态度和行为。总的来说，角色认同理论认为角色是认同的基础。角色是在社会中形成的，没有社会就没有角色的产生。

与大学生密切相关的角色，首先是“大学生”这个职位角色，此外还有其所标榜的“小资”阶层角色。

第一节　大学生定位

大学生，既是很多人成长中一个重要的生命阶段，又是很多人曾经、正在或将要扮演的一个重要角色，或是很多人曾经、正在或将要归属的社会群体。

本文所说的大学生定位是指大学生为了完成既定目标，实现自我价值而对自我以及发展方向做出的一种具有目标性、计划性、前瞻性和指导性的界定，它作为一种自我认识式的界定对大学生在大学生活中的人格塑造及价值提升具有重要作用。[7] 当个体标定了自身的位置后，他们就会产生关于自己该如何行动的心理预期。同时，当他们明确了他人的认同位置时，他们就会认识到引导他人角色行为的预期。

一、大学生定位的必要性

之所以说大学生有必要进行定位，是因为在大学生活与高中生活反差太大的情况下，大学生容易迷失自我；在高校扩招、就业分配制度改革的情况下，大学生容易产生对身份的焦虑与质疑。定位有助于他们走出迷雾，消除焦虑，建立目标与信心。

（一）自我的迷失

对于不少步入大学的学子来说，虽然学习环境与生活环境发生了突变，但在心理上，高考的投影并未散去，高考所规定的价值与审判标准潜移默化地引导着他们的生活。在整个中学阶段，尤其是高中，他们都曾被一个巨大的目标所吸引，那就是考大学，考好的大学。这是被家庭、学校、社会所普遍认同的主导价值。学生对这个目标倾注全力追求，从而构成了他们意义世界的全部。他们为高考全力打拼而无怨无悔，但事实上，个人对上大学并没有足够的心理准备，缺乏对自我的全面认识与人生远景规划，甚至很少考虑上大学是为了什么。而一旦进入大学，“高考”这个宏大的目标便成为“过去时”，高中时代原有的生活平衡与相对稳定的价值体系被完全摧毁了，原有的意义世界已不复存在。过去，“我”是为高考、为大学而存在和忙碌，“我”是身在弦上不得不发的奔向大学之门的利箭。而一进入大学，弦松了，穿过目标的箭头又将射向哪里呢[8]？要谈恋爱了，我该找个怎样的对象呢？要毕业了，工作、考研、出国，“我”到底如何取舍呢？“我”该去往何处呢？

以上都是大学生们不得不考虑的问题，而在没有指导和经验的情况下，大学生们在独自摸索的过程中，往往容易迷失方向，迷失自我。大一的新生易产生惶惑心理，他们从小到大在规定的轨道上旋转得太久，进入了大学，也就离开了旧有的人际圈子，没有了好友圈，没有了父母成天的叨唠，能否迅速建立新的支持系统？学习上，没有早自习晚自习，课不多，作业也不多，面对突如其来的自由，有的新生会感到不知所措。如果专业偏离了兴趣的轨道，也会感到无所适从。到了大二大三，适应的同时又诞生了新的问题：开始寻思逃课，开始尝试恋爱，开始攀比消费，开始盲目考证考级……在投入的过程中，依然会有些疑虑：课堂缺席该不该愧疚，恋爱应保持多大距离，奢侈的攀比之风如何看待，考证考级是进取还是无奈……临近毕业，又开始彷徨失落：心中怀着对未来不可知的恐惧，对以往不如意的追悔；许多毕业矛盾也随之而来；人际关系因面临竞争而变得微妙，校园恋人因即将分离而变得凄然，未来职业因缺乏规划而变得迷惑……见下面微博：

（1）#心好穷#我认为心中穷，就是不知道自己想要什么，以至于不能得到自己想要的东西，对自己没有一个确切的定位。没有别人的关心，别人的倾诉，没有别人的交流！

（2）不知怎么的，最近很喜欢一个人听歌，将自己与世间隔绝开来。心中总是有些什么似的，有些烦躁，但又不知烦在哪里。不是学习上压力，我真的很迷茫……

（3）有点不爽…我也不知道为什么…最近感觉好迷茫……哎…做作业…

（4）一天其实能做很多自己喜欢做的事，而我，已经掉落到了一整天可以看一部剧的份上咯，面对人生，看来我真的迷茫了。原来在这个永恒的世界，真的有两个我的存在。晚安，宁静又美丽的夜。

以上微博反映出，第一位大学生认为自己的心穷，源于对自己没有明确的定位，不知自己到底要什么。第二位大学生因为迷茫而莫名地烦躁，将自己与世隔绝。第三位大学生也是有着说不出的迷茫，只有做作业。第四位大学生则因为迷茫而“掉落”到整天追剧的地步。他们的共同点在于迷失了自我，游离、徘徊、漂浮于尘世中，没法确定自己的根系。

迷失了自我的大学生面临多种选择时，往往茫然失措，失去方向，不知如何抉择。吉登斯认为，在现代性情境下，个人“必须作出决定，必须制定政策”[9]。选择成为现代性情境里自我认同的一种机制。这里的选择体现了一种主动性和开拓性。诚如下面微博所说：

所有的选择都是要付出代价的，没什么十全十美。选择了面包，可能就要放弃爱情；选择了财富，可能就要放弃健康；选择了事业，可能就要放弃自由……所有的选择，都只能由自己买单。所以，在选择的时候，一定要清楚自己的支付能力。一种选择就是一种代价，不同的选择造就不同的人生。

最能表达反思性选择的时刻是“富有命运特征的时刻”。吉登斯认为，富有命运特征的时刻对于个体自我的认识和建构、自我的成熟都具有不可估量的价值。所谓“富有命运特征的时刻”，指的是要作出重大决策或要进行重大行动的时刻，如大学生毕业时考研、工作、出国等，它是机遇与风险共存的时刻。吉登斯说：“富有命运特征的时刻是这样一些转折点，这些转折点不只是对个体将来的行动情境而且对于自我认同都具有重大的意义。因为重大决策一旦作出，那就会通过其所跟随的生活方式的后果来重塑自我认同的反思性投射。”[10]

大学生面临选择时，痛苦随之而来，选择就必然产生动机冲突，无论是双趋冲突，还是双避冲突和趋避冲突，都是一种考验，而选择后产生的结果，又为自我体验抹上印迹。迷失自我的大学生在多种选择面前有的选择回避（见下面段一）。有的不知到底该何去何从，只知要努力（见下面段二）。有的意识到对“人生十字路口”的“错误的判断”将会带给自己一辈子的伤，但却可以重新更改方向（见下面段三）。

（1）如今，懵懂模样独自徘徊在十字路口中央，迷离中参差着感伤，渐渐的……美好的过往，时有的迷茫，刹那间，沮丧中迷失了方向。绕了一圈，回到那狭小的属于自己的空间，上床乖乖睡觉，不再徒增烦恼，入梦……忘却坚强的模样……

（2）每当晚上惬意地躺在床上，让累了一天的身子完全放松下来，才能好好地规划一下自己的未来。当选择太多时，真的会让我迷茫了，我到底该何去何从？漫漫人生路，任重而道远，还需要付出很多的努力。

（3）好或者坏，每当走到人生的十字路口，是最迷茫的时候，走向哪一个路口？判断还是要靠自己的！而错误的判断带给自己的将会是一辈子的伤！但是却还是可以更改自己的方向！而这要看自己是否愿意去割舍，重新选择自己要走的。

此外，迷失了自我的大学生也往往找不到学习、活着的意义及价值，如吉登斯所说，“在晚期现代性的背景下，个人的无意义感，即那种觉得生活没有提供任何有价值的东西的感受，成为根本性的心理问题”。[11]

（1）我是一名大二的学生，我对现在所学的课程提不起一点兴趣，什么高数、物理、电工、纲要、网络……都是些死板且没什么用的东西，除了应付考试。我学得没一点激情，所以整天碌碌无为，毫无成就感可言。

（2）我怎么觉得我每天都活得这么压抑呢？我到底是谁啊？我活着在干吗呢？怎么找不到活着的意义呢？

（3）每当我找不到存在的意义，每当我迷失在黑夜里，夜空中最亮的星，请照亮我前行。

第一位大学生怀疑学习的价值，他对所学的课没任何兴趣，因而觉得没有“成就感”。第二位和第三位则是找不到活着和存在的意义。

自我的迷失会阻碍自我认同的正确形成，而解决此问题的关键是：大学生首先要对自己进行定位，有了定位也就有了目标和方向，就能感觉学习的充实与生活的美好，并能从中发现价值及意义，从而也就有了活下去的理由。因而，定位能帮助大学生走出“迷雾”，找到自身的价值、生存的意义。

（二）身份的质疑

当代大学生正处于空前的社会变革时期。随着中国计划经济向市场经济的转型，高校的扩招以及就业分配制度的改革，人们的思想观念也发生了深刻的变化。

在计划经济时代，大学生从学校毕业由国家分配到一定的单位，学校和单位给予大学生基本的生活场所，并且可以从学校和单位获得身份的满足感和认同感。“大学生”这个角色身份在当时中国人心目中具有某种特殊的意义：“大学生”是社会的“宠儿”，是“天之骄子”，是“精英”；一个人考上大学，就意味着在他面前展开了一片光明的前景，不管你有没有真才实学，就凭着“大学生”这个身份，就能深受宠爱。从这个意义上来说，以前的大学生不存在角色认同问题。

而在市场经济时代，随着中国高等教育从精英教育转向大众教育，从20世纪90年代末期以来，高校扩招以及就业紧张的严峻形势，使大学生身份迅速贬值，从“天之骄子”沦为“普通劳动者”，这些巨大的转型和变化，对大学生的冲击是很大的。他们一进大学校门就面临着严峻的就业压力和生存压力，再加上情感的困惑、独生子女自身抗挫折能力的脆弱以及当前高校价值观教育理论与实践的脱节，容易产生对自己身份价值的怀疑。这就是大学生角色身份认同危机，亦即大学生不能对自己的“大学生”身份形成认同时产生的认知上、心理上的失衡乃至行为上的失常。

据《南方周末》2008年3月28日报道：从1977年恢复高考到2007年的30年间，中国普通高等学校招生人数增长了20倍，中国高等教育规模已经超过俄罗斯、印度和美国，高居世界第一。[12]中国社科院发布的2009年就业蓝皮书《中国大学毕业生就业报告（2009）》指出，2008届大学毕业生半年后的就业率约为86%，比起2007届大学生毕业半年后就业率下降了1.5个百分点，而2008届大学毕业生中在毕业半年后的73.56万的失业大学毕业生中（包括有了工作又失业的），有51.59万人还在继续寻找工作，有5.46万人无业但正在复习考研和准备留学，另有16.51万无工作无学业没有求职和求学行为者（即所谓的啃老族，该报告中定义为待定族）。[13]据腾讯教育发布的最新数据，继2014年高校毕业生人数突破700万之后，2015年的毕业生人数持续突破700万，并超过去年的727万达到749万之多！[14]毕业生人数在年年递增，就业之难成了常态。高校扩招导致大学生数量的增加，而就业岗位的增长并不能与大学生数量的增长相等衡，这就会导致供过于求，从而产生大学生就业难。这是大学生就业难的体现。此外，高校分配制度的改革，使得毕业生在国家就业政策指导下，通过人才市场进行自主择业，就业责任主体由国家转变为学生本人，加之近些年来国家机关、事业单位紧缩编制，国有企业改制等，大学生择业不再处于供挑选的状态，人才供应市场已由“卖方市场”转为了“买方市场”。大学生作为劳动力商品进入市场时，必然受到市场这只“看不见的手”的制约。由于就业市场上高素质人力资源的日渐丰厚，某种程度上也催生了社会用人单位的人才高消费现象，用人单位对毕业生的素质要求越来越高，必然会有部分大学生被淘汰出局。这在一定程度上也造成了就业难，而就业难给

大学生带来了巨大的心理压力。

就业难容易使大学生更感身份的贬值，难以像以前大学生一样受他人尊重，有伤自尊，感觉羞耻，从而产生对身份的焦虑。

吉登斯认为，羞耻感直接与自我认同有关，因为它是对叙事充分性的焦虑，只有借助这种叙事，个体才能保持连贯的个人经历。自豪感或自尊感则对自我认同的叙事完整性和价值充满信心。[15] 美国哈佛大学心理学教授威廉·詹姆斯认为："人生在世，我们的自尊完全受制于时时督策我们的理想以及我们为理想所付诸的行动，取决于我们实际的现状同我们对自身期待之间的比率。可以用公式表述如下：自尊 = 实际的成就 / 对自己的期待。"詹姆斯的这一算式表明，我们对自己的期待往上高一级，我们遭受羞辱的可能性也因此增加一分。这一算式同时也隐含了两种提升自尊的策略：一是努力取得更多的成就，二是降低对自己的期望。[16] 大学生还没走上工作岗位，没法通过工作获得成就以提高自尊，只能通过考证考级、评优、当班干来增加所谓的成就，为就业增添砝码。但成功的毕竟是少数，况且工具理性也太强，应聘单位也并一定会认可。有的大学生考证盲目跟风，什么好考考什么，同学考什么自己就考什么。"我不知道这个证对我以后找工作有没有作用，反正人家有的，我也必须有。"跟风的结果是，超过六成的求职者都拥有英语四六级证书和计算机二级证书，这样的普及程度已经让此类证书在人才市场中失去了竞争力。于是雅思证、人力资源师证、物流师证、营销师、网络管理师、驾驶证、导游证等一些证书重新成为大学生考证的热门，类似于物流师、物业管理师、营销师、网络管理师、人力资源师等证书考试，即使是没有从业经验的大学生参加，也很容易通过。但培训费用都在千元以上，大学生浪费了大量精力和金钱，却没有学到什么技能，成了一些培训与认证机构牟利的对象，而对于这些具有普遍性的证书，企业并不会看重，他们看重的是个人的潜力，以及能证明专业能力的技能证书，但仅 37% 的求职大学生能出示与专业相关的证书。[17] 大多数"泯然众人"的大学生只能通过降低对自己的期望来提高自尊，但他们骨子里的"精英"意识（大学生就应该有份好工作）又使得他们不愿降低期望值，于是求职时的碰壁所产生的"自尊"受损也就在所难免了。难怪有人说："大学是建立自尊的地方，社会是打击自尊的地方。"见下面微博：

上联：油价涨、电价涨、水价涨、粮价涨、葱价涨、药价涨，这也涨、那也涨，怎一个涨字了得，涨了还涨。下联：就业难、买房难、结婚难、就医难，男也难、女也难，看世间难字当头，难上加难。横批：活在中国。

理想与现实的巨大反差激发了大学生的羞耻心，深感身份的尴尬，并滋生身份的焦虑。而身份的焦虑又容易打击大学生学习的积极性，于是逃课、挂科不可避免，有的还不满大学校园。见下面微博：

（1）逃课和小伙伴儿出去吃早饭，买玉米吃😁😁😁😁早晨收拾慢了，没来得及吃早饭，到教学楼拉上小伙伴儿一起逃课出学校（ps：其他人还在期中考试呢🤭）吃完半路碰上卖玉米的，一口气买了13个。差点把卖玉米的大哥给逼疯了！哈哈哈哈！😂😂😂😂

（2）上得要睡着了🥱🥱位置刚好靠近门，刚刚有个奇葩出去了，说着现在是下课，我走了不算逃课👽👽！！！

（3）逃课，是一个人的狂欢。上课，是一群人的孤单。

（4）上个大学，体能差了，球技烂了，人变懒了，思维钝了，学业废了，熬夜长痘了，赖床逃课了，棱角磨平了，斗志磨灭了，转眼青春不在了，唯一收获的是：脸皮厚了。

（5）学士服是租的，毕业照是摆拍的，毕业论文是抄的，实习报告是有格式的，三方协议是骗就业率的。一切都是假的，只有时间是真的，它每天都在告诉我：你马上就要离开这个恨过又爱过的学校了。离校倒计时28周。彻底离校倒计时一年。

上课这个本来很正常的事情反倒不正常了，而“逃课”变成正常的了。对课程的不重视，经常逃课，一切都变得漫不经心，不再有斗志，有的只是应付，而应付的结果就是造假，造假的结果是自己讨厌自己所上的大学。抽去了“学习”的“大学生”也就不像“大学生”了。社会因此对大学生产生了刻板印象，有妖魔化之趋势，社会对当代大学生的整体评价是：迷茫的一代、令人失望的一代、

衰落的一代、浮浅的一代、抱大的一代、垮掉的一代……[18] 这些评价在某种程度上更加祛除了大学生对自我身份的神圣感，引发了他们对自身身份的不满，影响了这一身份的稳定性。

因而，在高校扩招、教育分配制度改革所引发的负面危机情况下，除了学校、社会要考虑应对之策外，大学生对自己的定位也势在必行。从大学生微博中可知，没有定位的大学生常处焦虑而不能自拔，任危机吞噬自己，否定所学的知识，否定自身的能力与价值，消极度日，逃避就业现实。而对自己有明确、合理定位的大学生往往能顺利度过危机，消除身份的焦虑，找到自身的价值。下面重点谈有定位的大学生是如何来为自己定位的，即大学生定位的方式，这对尚没有定位，处于自我迷失状态、消极度日、逃避现实的大学生来说，具有一定的参考价值。

二、大学生定位的方式

大学生微博中所体现的大学生定位主要有两类：一是以兴趣、能力来定位，二是以社会角色期待来定位。

（一）以兴趣、能力定位

1. 以兴趣定位

兴趣是指人们力求认识某种事物和从事某项活动的心理倾向。部分学生通常表现为有强烈的自我意识，他们对某种专业如文学、哲学、艺术等有极大的偏好，从而将大学的受教育当成一种扩展自己兴趣的手段。与其他因素相比较，兴趣常被他们排在了第一位，而同时又因为自己的兴趣能够在大学里得到充分的发展，他们对于这方面的学习十分的投入。这类学生实际上是以兴趣定位发展自我的学生。心理学家认为，兴趣能够极大的促进个人潜能的开发。[19]

领域认同理论认为，个人若认同某一领域（数学、体育、电脑、技术等），他就会对该领域投入比其他领域多得多的精力和时间，并能从中获得成就感和归属感。[20] 认同某一领域有多种功能：首先，它是自我认同或自我尊重的方法，使人自我感觉良好；其次，它是与自己拥有共同价值观、共同目标的人互动的方式，为自己提供了价值取向与共享活动的参照群；再次，它提供了自己与认同其他领域的他者进行比较时认识自我的手段。个人将他定为某一特定领域，表明他与认同其他领域群体的不同。认同的强度与行动积极相关。认同对行为有非常强烈的影响，认同越厉害，越会专注于此领域。[21] 见下面微博：

（1）什么是大学生活？就是你在树下读书，看到有人在操场边手牵手；就是你还在睡懒觉，而有人已经坐在教室；就是你周末在外辛苦兼职，而有人在宿舍彻夜打游戏；就是有人选择听演讲，而有人选择图书馆；就是有人忙着学生会，而有人忙着社团。按自己的兴趣做自己的事情，做最好的自己，四年后一起走进社会。

（2）我觉得可能是我对什么事情都没有兴趣了，我觉得我还是应该坚持的选择点东西作为爱好去做好。我决定了，乐器——钢琴、舞蹈——拉丁，再研究点自己感兴趣的东西。4 月汉语言文学自考考试，五一的九天长假完了之后确定其他的。

以上第一位大学生认为，大学生活是由兴趣组成的，不同的大学生有不同的兴趣，而不同的兴趣会营造不同的人生。第二位大学生担心自己没兴趣，于是要挖掘自己的兴趣爱好，先是确定练钢琴，练舞蹈，等考试完后再确定其他的兴趣爱好。兴趣确定了，大学生就有努力的方向，就不至于整天迷茫了。

2. 以能力定位

能力也是大学生看重的，他们把自己是否有能力看成是立足社会的资本。大学生们在微博中多次强调“能力”的重要性，认为“人生的每一步”都要靠自己的能力，因而要修炼自己的能力。只有自己能力越强，他人才会看得起自己，自己也会羡慕自己。自己要努力尝试和运用自己的能力，只有这样，才能知道自己所拥有的能力到底是什么，到底有多强，而当能力还“驾驭不了”自己的目标时，那就应该“沉下心来历练”。在历练的过程中，会遇到失败，因而要有“抵御失败的能力”，并且为之“不断地去努力进取”。见下面微博：

（1）不要去听别人的忽悠，你人生的每一步都必须靠自己的能力完成。自己肚子里没有料，手上没本事，认识再多人也没用。人脉只会给你机会，但抓住机会还是要靠真本事。所以啊，修炼自己，比到处逢迎别人重要得多。

（2）当你越来越有能力时，自然会有人看得起你。改变自己，你才有自信，梦想才会慢慢地实现。做最好的自己，懒可以毁掉一个人，勤可以激发一个人！不要等夕阳西下的时候才对自己说，想当初、如果之类的话！不为别人，只为做一个连自己都羡慕的人。

（3）上天赋予你的能力是独一无二的，只有当你自己努力尝试和运用时，才知道这份能力到底是什么。

（4）当你的能力还驾驭不了你的目标时，那你就应该沉下心来历练。

（5）我们不要害怕失败，要有“屡败屡战”的精神，把失败当成通往成功的垫脚石，当你遭受失败越多时，你就会离成功越来越近。当然，你必须要有足够的抵御失败的能力，并且不断地去努力进取。

（6）因为我相信，有够硬的专业技术和职业能力，我照样能过上经济独立、自由体面的生活。

（7）不经历风雨，怎能见到彩虹；不拼搏奉献，怎能获得回报？实干，是你能力、本事的体现；没有实干的自信，是“空中楼阁”；没有实干的微笑，是“无奈笑容”。只有靠自己的拼搏和实干，才会赢得别人的理解和尊重。

他们认为要有够硬的专业能力、实干的精神才能过上经济独立、自由体面的生活，才会赢得别人的理解和尊重。

（二）以社会角色期待定位

社会角色期待是一种社会意识，是一种外在的力量。社会对大学生的角色定位，对大学生“应该是什么样”的阐述，能帮助和指导大学生正确进行角色定位及充分认识自己的角色特点，按角色要求去充实和规范自己，强化其做合格“演员”的自觉性与信念。

1. 以人才需求定位

社会对大学生的角色期待随时代的变化而变化。新中国刚成立时，《中国人民政治协商会议共同纲领》第五章《文化教育政策》中规定："人民政府的文化教育工作，应以提高人民文化水平，培养国家建设人才，肃清封建的、买办的、法西斯主义的思想，发展为人民服务的思想为主要任务。"从中可见，当时所需的人才是没有"封建、买办、法西斯主义"思想的、为人民服务的国家建设人才。1958年，中共中央、国务院《关于教育工作的指示》规定："教育的目的，是培养有社会主义觉悟的有文化的劳动者。"1978年，《中华人民共和国宪法》中规定："教育必须为无产阶级政治服务，同生产劳动相结合，使受教育者在德育、智育、体育几方面都得到发展，成为有社会主义觉悟的有文化的劳动者。"1982年，党的十二大提出了要教育青年有理想、有道德、有文化、有纪律。1987年，国家教委副主任、党组书记何东昌提出教育要培养德智体美劳全面发展的"四有"人才。1991年李铁映提出"教育必须为社会主义现代化建设服务，必须同生产劳动相结合，培养德智体全面发展的建设者和接班人"。2000年，江泽民指出：教育为社会主义事业服务，教育与社会实践相结合。朱镕基要求：全面推进素质教育，加强德育工作，努力培养学生的创新精神和实践能力……促进学生德、智、体、美全面发展。[22] 从中我们可以看出时代不同，对人才的需求也不同。

如果单以几代领导人的人才观来看，也可看出其中的时代轨迹：从毛泽东的"又红又专、德才兼备"到邓小平的"尊重知识、尊重人才"，从江泽民的"科教兴国、创新为本"到胡锦涛的"人才强国、以人为本"，再到习近平的"要择天下英才而用之""要在全社会大兴识才、爱才、敬才、用才之风"，可见党的人才思想一脉相承又与时俱进、不断创新。

从以上可知，不同时代的不同人才观，影响着高校对学生的教育，从而也影响着学生对自己的评价，他们会考虑自己是否属于这样的人才，是合格、良好，还是优秀？

中国最传统的对大学生的社会期望：大学生最主要的是学习，这一点并没有过时。有的大学生就按照这种社会期望来为自己定位（见下面微博）。第一位大学生认为“人生就是不断去学习”，学业务、学前辈心得、进行职场充电。第二位大学生以唱歌的方式表明自己天天坚持上学，爱学习。第三位大学生则为了专心学习而故意不带手机。第四位和第五位大学生则为了考研而坚持在“拓词”上背单词。

（1）理解你所不能理解的是学习。接受你所不能接受的是成长。承认你所不能承认的是接纳。忘记你所不能忘记的是放下。人生就是不断去学习，有成长，懂接纳，会放下。

（2）【不要无所事事】如果你在今天实在是没事儿干，就去看看和业务相关的网站，学习一下前辈的心得。任何一个细小的工作都有很深的水，学无止境，不要和其他的实习生结伙聊天有说有笑，好像在避风塘聚会的样子。

（3）如果你现在已经产生了一定危机意识，但是还没真正下定决心开始学习深造，别犹豫，有更多理由告诉你职场充电真的很重要，越早的开始学习，那么你的未来职场生涯越开阔。

（4）我要上学校。天天不迟到。爱学习爱劳动。啦啦啦。

（5）今晚戒毒一样的感觉，不带手机，刚开始有种作死的感觉，害怕发生什么事😁好在一会就过去了，然后就安心学习了。

（6）少壮不努力，老大背单词。我在背《考研大纲词（2015）》，今天建议拓 32 分，任务圆满完成。学习 241，掌握 118。

（7）人生自古谁无死，留取丹心背单词。我在背《考研大纲真题高频词（2015）》，今天任务拓时 25 分钟，任务圆满完成。学习 158，掌握 56。

从以上可知，大学生还是把学习看得很重要，既然是学生，最重要的当然是学习了。这种正统思想不论在哪个时代都不会过时，因而也是最经典的思想。

当今时代，光学习好已远不能满足社会的需要，社会还需要具有良好综合素质的大学生。Google 全球副总裁李开复在给中国大学生的第七封信中提出了 21 世纪最需要的7种人才：创新实践者、跨领域合成者、高情商合作者、高效能沟通者、热爱工作者、积极主动者、乐观向上者。[23]有的大学生就用这7种人才作为自己定位的标准。有的把养成优良的习惯作为自己成才的标准，有的则列出少奋斗10年的经验（见下面微博）。

（1）【男人出类拔萃的优良习惯】1. 懂得做人；2. 善于决策；3. 相信自己，4. 明确目标；5. 充满热忱；6. 顽强精神；7. 重视人才；8. 充分授权；9. 激励团队；10. 终生学习；11. 持续创新；12. 架构关系；13. 抓住机会；14. 有效沟通；15. 经营未来；16. 赢得拥戴；17. 勇于自制；18. 培养领导；19. 注重家庭；20. 经营健康。

（2）【让你少奋斗10年的经验】1. 不要停留在心灵的舒适区域；2. 不要把好像、大概、晚些时候、或者、说不定之类的话放在嘴边；3. 不要拖延工作；4. 不要认为理论上可以实施就大功告成了；5. 不要让别人等你；6. 不要认为细节不重要；7. 不要表现得消极；8. 不要把改善工作能力仅寄托在公司培训上；9. 不要推卸责任。

有的还意识到了人脉的重要性，把人脉当成自己成功的社会资本。社会资本是“通过社会关系获得的资本”[24]。该理论视角分析的焦点是：①个人如何在社会关系中投资；②为了产生回报，个人如何获得嵌入在关系中的资源。林南认为个人有两种类型的资源可以获取和使用：个人资源和社会资源。个人资源是个体所拥有的资源，可以包括物质和符号物品（如文凭和学位）的所有权。社会资源是个人通过社会联系所获取的资源。由于社会联系的延伸性和多样性，个人有不同的社会资源。社会资源无论在量上还是质上都要超过个人资源。[25]正是因为这一点，有的大学生意识到社会资源的重要性。他们在学习之余也注重人际关系的投资，希望今后能从中获得回报（见下面微博）。第一位大学生在学姐、学长的关心、支持下少走了很多弯路。第二位大学生认为人脉关系会带来很多益处，并告知处处都有拓展人脉的机会。

（1）传、帮、带是个优良传统，有位优秀的学姐、学长在各方面给与关心与支持，自己能够少走很多弯路，现在自己更多的是需要自己摸索前进，在学好专业的同时，希望能够把各种活动做好，锻炼好自己的各项能力。做最强的自己！

（2）别以为只有负责某些职务的人需要人脉，事实上，不管你处于什么位置，人脉关系永远会带给你更多意想不到的益处。拓展人脉，处处是契机，从飞机上的邻座到网际网络，加上你善用“朋友的朋友”，这些都是好管道。

大学生们的人际关系很纯粹，他们主要经营的是与学姐、学长的关系以及与同学之间的关系。这些人际关系就是他们立足社会的资本。

2. 就业定位

20 世纪末至 21 世纪初，我国高等教育发展由精英型转向大众型。在大众化高等教育阶段，高等教育从满足培养少数精英的国家需求转向同时满足更广泛的社会需求和公民的个人要求。就高校毕业生整体的就业情况而言，大学生进入了一个“大众化就业”的时代。大学生由计划经济体制下的“宠儿”变为普通老百姓，公平地参与社会竞争。一部分大学生通过竞争进入社会的精英岗位，大部分大学生从事与大众化相适应或更为接近的工作。随着高等教育大众化的推进，这种就业现象变得更为普遍。

面对高校毕业生总体就业的严峻形势，教育部高校学生司有关负责人提到，大学生应定位为普通劳动者，大众化时代的大学生不能再自诩为社会的精英，要怀着一个普通劳动者的心态和定位去参与就业选择和就业竞争。这需要广大毕业生尤其是家长更新就业观念，调整就业期望，在正确判断形势的前提下适度选择，以多种方式努力实现广泛就业。[26]

如果说，当初“北大才子长安街头卖肉”的新闻还能引起国人“惊诧”，如今，大学生卖盒饭、摆地摊，甚至找不到工作而回家“啃老”都不会再有什么轰动效应了。大部分大学生都已将自己的身份按目前的就业形势定位为“普通劳动者”。有人做过实证研究，63.6% 的大学生对自己初次就业的角色领悟就是普通劳动者，只有 36.4% 的大学生与社会的期望角色存在较大的差距。已工作大学生认为应届大学毕业生是社会精英的比例为 20.9%，普通劳动者的比例为 79.1%。已工作大学生认为应届大学毕业生是社会精英的比例已大大减少，认为应届大学毕业生是普通劳动者的比例大大上升。[27] 这说明工作经历对大学生社会角色的定位产生明显的影响，已工作大学生对自己的角色定位趋于理性。在实际工作中，已工作大学生经历过从学生角色到职业人角色，根据社会对大学生的期望，进行角色调适来适应社会。这一点在大学生微博中也有反映。

不同的时代，大学生的定位不同。过去的学子在“达则兼济天下”的社会观念影响下，倾向于选择“仕途”，“学而优则仕”成为中国人尤其是中下层知识分子终身孜孜以求的最高理想。即通过“从政”来实现“兼济天下”的期望。而要“从政”，就得“两耳不闻窗外事，一心只读圣贤书”，就得“头悬梁，锥刺股”，而一旦“金榜题名”，则意味着官职在望，所谓的“状元”“榜眼”“探花”，只是官品的高低而已。而如今，随着市场经济的发展，过去“重农轻商”的观念发生很大变化，金钱意识上升，商业主义抬头，大学生的定位也就日益多样化，既可以通过“考公务员”、下乡（如目前兴起的“大学生村官”）来“从政”，也可以通过“创业”来当老板，有的在大学期间就开始创业，有的是放弃原有的工作而“下海”。

第二节　“小资”阶层认同

“小资”原本为“小资产阶级”的简称，特指向往西方思想生活、追求物质和精神享受的年轻人。一般容易受到意识形态的批判，“小资情调”也被界定为一种追求生活享乐、缺乏社会理想的不良情趣。20 世纪 80 年代以来，随着物质生活的丰富、社会观念的转变，随着由白领阶层、城市自由职业者、高级知识分子等组成的新的社会阶层的出现，“小资情调”的生活方式越来越成为一种时尚的现代生活选择。大学生有的在客观上并不属“小资”阶层，但他们却在主观上认同自己为“小资”，并通过微博书写表明自己对“小资”的认同态度，并建构起自己的“小资”身份。

一、“小资”含义及其历史流变

“小资”一词，最早是“小资产阶级”（petty-bourgeois）的简称。指那些以生产资料的个体所有和个体劳动为基础的社会集团，他们占有少量的生产资料和财产，一般不剥削别人。主要依靠自己劳动为生，包括中农、手工业者、小商人、自由职业者等，是处于中产阶级和无产阶级之间的社会阶层。政治上的摇摆性、软弱性和不彻底性，温情脉脉和多愁善感，不切实际和空想，感伤忧郁、无病呻吟和矫揉造作等是小资产阶级的特点。因而在历史上备受批判。[28]

“小资”是西方文化的产物。在18世纪和19世纪的伦敦、巴黎、维也纳、柏林、圣彼得堡等地，“小资”就已在展现“小资”阶层或阶级的自我了。他们游走在上流社会和下层社会之间，徘徊于现实和梦想之中。20世纪的初期和中期，西方“小资”以其“激情与冲动”“爱情与原欲”“冒险与造反”“迷惘与标新立异”成为最有特色的社会群体。[29]中国的“小资”是洋文化与中国小资产阶级融合后的产物。从明末清初开始，随着资本主义的萌芽和发展，更重要的是随着魏源、章太炎、梁启超、王国维等人对西方文化的引入，出现了最早意义上的“小资”。但他们受西方文化的影响主要集中在科学和民主上，生活方式仍然以传统文化为依托，还不是现代意义上的“小资”。“五四”时期是中国“小资”的形成期，大量的知识分子留学海外，不仅接受了西方的科学文化知识和资产阶级民主自由的思想，而且带来了西方的生活方式和审美趣味，如穿西装、吃西餐、坐沙发、听西洋乐、喝咖啡、跳交谊舞……这些西化的生活方式后来成为“小资”的重要标志。20世纪30年代的上海、20世纪60年代的香港，在这些西化程度最深的城市里，“小资”特别活跃，尤其是城市小资产阶级知识分子的典型的“小资情调”，对整个社会都产生了很大的影响。甚至在延安时期的1937—1942年，每逢周末、节日举行晚会，小资产阶级知识分子穿的是西装、跳的是交谊舞。直到“整风运动”，这种“小资情调”受到了批判，交谊舞才被秧歌舞代替。[30]中华人民共和国成立初期，小资产阶级所受的抨击更为严厉，一再被强化的工农情感方式成为社会精神理念的支柱，新时代提倡的是集体主义、乐观主义、英雄主义，而未经改造的小资产阶级知识分子在生活思想各方面和劳动人民是有距离的[31]，必须以反右派运动予以整肃。十年“文革”，“小资”受到了前所未有的重创，“上山下乡”运动是对“小资”的整体放逐。[32]“小资”与“小资情调”似乎已经远离人们的视线。

但是，改革开放以来，不仅“小资”的身影重新登上了历史舞台，“小资情调”的生活方式也卷土重来，并且日益向着各阶层的生活渗透。尤其是近十年来，快速现代化的灯红酒绿的城市滋养了大批的“小资”，他们不仅活得越来越自由、滋润，而且还日益壮大。有人把城市阶层划分为五层：富人阶层、中资阶层、小资阶层、工薪阶层、城市下层。[33]如此看来，中国的小资是社会结构中的中上或中间阶层，这与布尔迪厄的“新小资产阶级”理论有着吻合之处。目前新的趋势是，“小资”人群已经超越了原来的界限，变得更为广泛。“小资情调”不仅出现在“小资”阶层，也经常出现在中资阶层和工薪阶层，体现出“小资”群体的壮大与界限的模糊性。

目前的小资主体文化吸收和精神成长主要是在20世纪90年代打下基础的，新世纪的小资话语的兴盛只是当代消费主义文化累积后的表象。小资必定是有一定文化有“知识”的人，一般都受过高等教育，一些受过欧美文化的熏染。就职业或经济状况而论，小资往往与中产阶级或中间阶层联系起来，主要分布在公司白领、单身贵族、自由职业者、记者、编辑、名不见经传的艺术家、高校教师和学生等社会阶层中间。但是其经济、政治的阶级色彩不再是关注的重点，描述小资最重要的特征是其文化特性，就是小资所特有的品位、情趣、格调，举凡是被称为小资情调的东西、各种生活情状和姿态[34]。

也正是因为这一点，当下许多大学生尽管在经济上远远不能达到小资阶层的标准，但他们却认同自己为“小资”。李培林在《社会冲突与阶级意识：当代中国的社会矛盾问题研究》一文中，区分了三种阶级：客观阶级、认同阶级和行动阶级。客观阶级是社会学经典作家按照受教育程度、职业声望、收入水平、收入来源、财产和生产资料占有状况、社会出身背景、权威支配性等基本指标划分出来的阶级或阶层。“认同阶级”则考虑了社会个体自己的主观能动性。社会个体能够自我标签、自我认同自己的阶级归属或近似于阶级归属的社会地位归属。而行动阶级则是基于相对一致的社会利益而表现出的阶级存在，也即是在群体意义的（不是个体意义的）社会行动中为表达阶级利益或显示阶级力量和阶级要求而凸显出来的、具有相对一致目标的行动共同体。[35] 大学生们的家庭收入与社会背景虽然不同，在客观上有的不能分属小资阶层，但他们却具有一个共同特点：作为一个活生生的实践者，他们一方面通过对社会生活的亲身参与，感觉着既定的现实图景，另一方面也通过自己与他人的互动而体验和定义着其赖以生活的社会的阶级阶层结构以及自己在这结构中所处的位置。亦即他们在客观上可以不属小资阶层，但在主观上却可认同自己为小资阶层。

李培林等的调查表明，不同教育分层者的主观阶层认同表现出明显的差别，其基本趋势是：随教育水平的上升，自认为处于社会低层和中低层的人逐渐减少，自认为处于社会高层和中层的人则渐次增加。特别是当教育程度达到“大专以上”后，认为自己处于社会“中层”的人数比例超过了 50%，而教育程度在“大学以上”的被调查者中，认为自己处于“中层”或“中高层”的比重则达到 75%，教育程度在“研究生以上”的被调查者中更有 80% 的人认为自己处于“中层”或“中高层”（表 4-1）。[36]

表 4–1　不同教育阶层者的主观阶层认同情况

单位：%

主观阶层认同	教育分层				
	初中及以下	高中及相当	大专	大学	研究生以上
高层	1.0	1.1	2.2	2.9	3.0
中高层	5.0	7.5	12.6	19.8	25.7
中层	35.9	45.3	52.7	55.1	55.1
中低层	32.2	29.4	24.3	16.5	14.4
低层	26.0	16.8	8.2	5.7	1.8
（个案数）	2076	4280	2569	1603	167

（资料来源：李培林等. 社会冲突与阶级意识：当代中国社会矛盾问题研究 [M]. 北京：社会科学文献出版社，2005:64.）

以上说明，大学生更有可能将自己认同为小资阶层，因为在中国，小资往往与中产阶级、白领或中间阶层联系起来[37]。杰克曼（Jackman）认为，人们自我认定的“认同阶层”与其生活方式和社会行动等密切相关，甚至于在婚姻决策、住房区位选择、文化喜好等方面，认同阶级的认同行为对其成员的主观决策的影响都非常显著。[38] 当下“小资”已淡化了其经济、政治的阶级色彩，在“历史的长河中它已被演变成为一种生活态度，生活方式。它是一种生活情调与生活品位，并渗透着对生活和生命的一种感悟和理解，它是高于现实法则的一种浪漫情趣”[39]。大学生往往通过其“小资情调”与“小资品位”来建构自己的“小资”阶层认同。

二、小资情调

“小资情调”是指一种独特的审美化的生活方式和精神格调，表现为刻意追求精致高雅的生活品位，讲求生活细节，善于营造浪漫气息，追求休闲享受，精神上标榜自我，张扬个性自由，带有自闭自恋式的孤芳自赏等特征。[40] 他们崇尚世俗、愉悦、轻松、平面，排斥崇高、严肃、艰苦、深度，具有自己独特的生活趣味与审美趣味。[41]

（一）浪漫

浪漫是“小资情调”的核心元素。对于大学生来说，浪漫的情调最主要体现在对爱情的书写与感悟上。

大学生谈恋爱已成为校园里一道独特的风景线，是人所共知的事实。袁立的一项调查发现，大学生中 81% 的学生想谈恋爱，认为如果遇到合适的就谈；46% 的正在谈恋爱；只有 18% 的学生认为，年龄还小，正在学习，不想谈恋爱。[42] 刘彦华、李鑫、曾宪翠的调查发现，在大学生群体中有恋爱史的学生占大多数。[43] 王兵、蔡闽、衡艳林的一项调查显示，在大学生群体中，对谈恋爱持赞成态度的占 81.5%，大学 4 年或 5 年毕业时，谈过恋爱的同学约占总人数的 80%。[44] 这些研究表明大学生恋爱的趋向非常明显，对异性的喜欢、对爱与被爱的需要十分强烈。这不仅是当代大学生生理成熟的标志，而且是大学生心理发展的结果。大学从生理上经过性发育阶段已进入性成熟阶段；从心理上由性接近阶段向恋爱阶段过渡，这是大学生身心发展的自然现象。青春妙龄与身心的相对成熟都为爱情的到来作好了准备，追求美好热烈的爱情往往是大学生们所向往的，他们被心中萌动着的情感激励、鼓舞和滋润，他们渴望浪漫的爱，拒绝平庸的爱。他们会在微博中书写自己浪漫的爱情，或抒发对浪漫之爱的感悟。

大学生的爱情比较纯真，没有物质利益的诉求，希冀的是花前柳下的两个人的相守、心心相印（见下面微博）。如第一位大学生的浪漫是“花前柳下，细雨微风”，女“织布”男“耕田”，女“倒水”来男“浇园”，游玩“丽江、乌镇、鼓浪屿”。第二位大学生心中的浪漫是能和心中爱慕的人一起淋雨、躲雨。第三位大学生的浪漫是找个有自行车的男朋友一起慢慢骑，或慢慢推着散步。第四位大学生的浪漫是要和爱人一起慢慢变老，穿情侣鞋，逛操场；即使分开了一段时间，分享着也是浪漫。第五位大学生的浪漫是“即使不见面，不说话，不发信息，心里总会留一个位置”，“安安稳稳”地放着对方。有的是用紫荆花摆出“love”，以表达自己的爱意。

（1）在上学的时候，你的爱情观是充满着浪漫主义的色彩。什么花前柳下，细雨微风，什么你织布来我耕田，你倒水来我浇园；不说希腊、巴黎、爱琴海，也得是丽江、乌镇鼓、浪屿。

（2）雷雨天气，心中那点小小情愫又被勾起，忆起人生第一次冲进大雨淋成落汤鸡，只是想知道心中爱慕的那个人是否会心疼。两个人能一起淋一场雨，或者躲一场雨，又何尝不是一种浪漫的缘分呢。

（3）今晚宿舍在聊天～有个舍友说～大学一定要找个有车的男朋友～什么车？自行车～为什么不是摩托车～因为太快了～自行车可以骑着～如果觉得快又可以不骑慢慢推着散步～这样才浪漫～ ^^

（4）我能想到最浪漫的事，就是和你一起慢慢变老。穿着情侣鞋，逛逛操场。

（5）虽然离开了你的时间，比一起还漫长，我们总能补偿。因为中间的空白时光，如果还能分享，也是一种浪漫。

（6）即使不见面，不说话，不发信息，心里总会留一个位置，安安稳稳地放着一个人。其实真正陪你到老的，是那种没太多意外，也是没有当初的心跳，却是无论如何也不离开你的人。从激情到亲情，再从感动到感恩，从浪漫到相守。时间越久，越不愿离开你，这才叫爱人。

（7）紫荆花摆的，有没有很浪漫？！

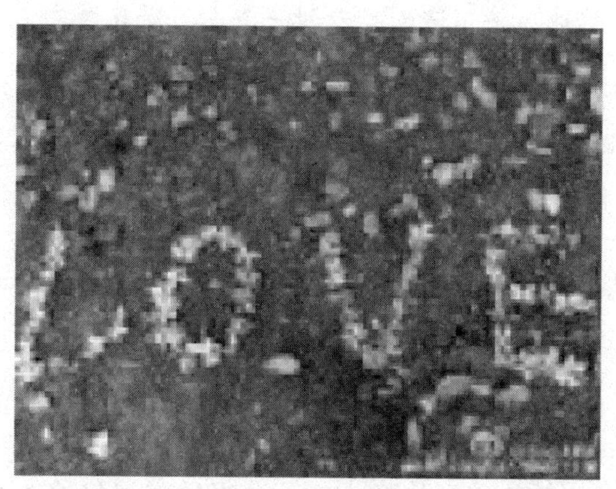

大学生在纯净的校园中，没有经受世俗的干扰，因而恋爱会显得浪漫而甜蜜。但临近要毕业时，要找工作时，世俗的观念会影响恋爱中的浪漫，许多大学生因而劳燕分飞。也有的情侣因个性不合而分手。于是，浪漫渐渐褪色，取而代之的则是无结果的伤感。

（二）伤感

浪漫是一种情调，而伤感则是另一种情调，是一种得不到“完美之爱”而忧伤满怀的情调，这是一种“残缺美”，越是得不到，越是感觉它的美好。这一种“残缺美”所引起的忧伤占据了大学生的微博。

有的大学生从2012年到2014年都沉浸在对爱情的伤感中，她在第一篇微博中表达自己会珍藏曾经的最美好的感情；在第二天又写下了因触景生情而想起了曾经厮守的承诺而伤感；第三篇微博写自己一个人生活的“苍凉”与“迷惘”，并表示自己要学会用减法生活；第四篇微博则表述爱情后期的冷淡所带来的“咫尺天涯”的伤感。见下面微博：

（1）曾经的激情与浪漫在岁月的冲刷下，没有了棱角。儿时的梦终在现实的浮华中变淡，直至无味。但这段感情却随着岁月的变迁愈加清晰，那么久那么久地停留在我的记忆中不能忘却。那是我心底最美好的情愫啊！我想，或许我会珍藏一辈子的。

（2）昨天突遇大雨，路边屋檐下避雨，看到一个少年对我微笑，我心为之一动，不由得想起了当年那些美好往事。那时，我们被困在路边，世界不过是一个小小屋檐，你说如果雨一直下到明天，我们就厮守到永远。在范晓萱的《Rain》里，我怀念，并且哭泣了。在青春将逝的时候，歌曲越纯真，我心越伤感。

（3）为你种下的情愁，在心河涂抹一层淡淡的伤感，走在惆怅的时光，有夜的苍凉和迷惘。一个人生活虽然是很难，但是也必须学会一个人，要学会用减法生活。要去放飞你的心灵。

（4）爱情中最伤感的时刻是后期的冷淡，一个曾经爱过你的人，忽然离你很远，咫尺之隔，却是天涯。

有的大学生在微博中表述曾经相爱的浪漫却成为“买不到的奢侈品”，成为了“记忆中的‘海市蜃楼’”。有的认为感情留下遗憾，带着“伤感”会更“久远”。有的则幻想对方是喜欢自己的，把这种幻想的乐观当成是自己的浪漫。见下面微博：

（1）在那些喜怒纵横的日子，我们相识到相爱，彼此占据了内心每个角落……一起漫步在平寂巷道，一起仰望夜晚星空，成为我们的浪漫事，而如今却成为了买不到的奢侈品。有一天，我看见了我们那时的场景，我去抚摸，却摸不着，原来，那些已经成为了记忆中的“海市蜃楼”——下个路口见。

（2）感情是一份没有答案的问卷，也许留下一点遗憾，带着一丝伤感，会更久远。

（3）预谋邂逅——你的生活里总会出现一个又一个暂时得不到安放的遗憾。直到有一天你能够将自己的纠结解开。你就会像此刻的我一样无比坚信：因为他是喜欢我的。这幻想中的乐观，是我内向的浪漫。

总的来说，浪漫是“小资情调”中的主要元素，他们的爱都是超越于现实的纯精神的爱恋，为了这份完美的精神之恋，他们全身心地付出，他们追求“海枯石烂”“天长地久”。而一旦“浪漫之恋”回归于现实，他们宁肯选择“孤寂”地“独守”，也要保全心中的那份“完美”。于是，他们一方面品味着“浪漫”，而另一方面，他们咀嚼着为维持完美而带来的伤感与孤独。“浪漫”与“伤感”是他们的双重奏，而二者皆因之于“小资”的“唯美主义”。因为“唯美”，他们追求“浪漫”；因为“唯美”，他们选择分手，宁愿咀嚼因“品味、缅怀过去浪漫”而带来的“伤感”，也不愿选择会侵袭浪漫之爱的现实的婚姻。

三、小资品位

品位，是“占用（实质地或象征性地）某一阶级已分类或正在分类的物体或行动的偏好和能力，是生活方式的有效准则，是表达每个象征性的细小空间、家具、衣物、语言或身体方面独特逻辑所具有的同一表达意图的统一的独特偏好。每一生活方式方面‘象征’着其他，也代表着自己”[45]。

一个真正的“小资”必须具有一定的生活品位、思想水准和艺术鉴赏能力，例如以下方面：

文学：海明威、福克纳、马尔克斯、卡夫卡、普鲁斯特、博尔赫斯、卡尔维诺、昆德拉、村上春树、徐志摩、曹雪芹等。

音乐：古典音乐、爵士音乐、西方流行音乐、电子休闲音乐、新世纪音乐、世界音乐、中国传统音乐等。

生活情趣：咖啡、家居、红酒、茶、笔记本电脑等。

旅游：丽江、西藏、马尔代夫、欧洲、澳洲等。

时装：不求最贵，但求自我风格。

外语：至少精通英语，通晓日语、法语、德语等更好。要有TOFEL、GRE、雅思等有效分数。

科技：懂得充分利用互联网作为工作、生活的工具。[46]

在大学生“小资”中，其品位主要体现在“生活情趣”“对身体的精心呵护”

等方面。

（一）生活情趣

“我只喝那种放冰块的苦咖啡”“这种 Pisa 我只在一家店里才吃”，这是小资们常用的句式。小资在吃喝上也有其固定的喜好。大学生“小资”对吃的地点比较讲究，对咖啡、花茶“情有独钟”。他们喜欢在微博中晒出自己吃喝的食物、吃喝的地点等。如下面微博。

1. 亮晒吃喝

有的大学生喜欢吃 Coppos 卡布滋典藏的圈圈套餐和泡芙套餐，于是就在网上团购，并把团购来的食品亮晒于微博中。

（1）【厦门】仅 13 元！原价 24 元 Coppos 卡布滋小资典藏的神奇圈圈套餐

（2）【厦门】仅 9.9 元！原价 20 元 Coppos 卡布滋小资典藏的泡芙套餐

有的则将饭菜和饮料组合在一起，构成其小资生活，并将其拍下，亮晒于微博中。

（1）可乐、腊肉、骨肉相连，小资生活。

（2）小资情调。午好。

有的大学生如果在外面餐馆吃饭，就会选择有情调的餐馆，并将其拍摄下来。有的大学生甚至希望把时间永远定格在小资生活的时刻。如下面微博。

（1）中环一家纸艺餐厅，价格实惠，情调小资。

（2）每次来这里，都会有惊喜喜欢这里精致的小植物，还有每次来都不一样的蛋糕

（3）时间是最好的裁判，坚持是做好的品质。我坚持步行，坚持自己的小资生活。偶尔去星巴克坐坐，一杯巧克力一个小蛋糕。偶尔去西西弗，看一本有趣的书，偶尔去商场转转，看一部期待的电影，吃一杯甜甜的冰淇淋。偶尔什么也不为，只是在人来人往的街道上行走。

（4）真希望把时间永远停留在这一刻，我们过着小资的生活，无忧无虑，不用想太多。

大学生们喜欢喝咖啡，喝花茶，于是就光临咖啡馆品尝咖啡，有的用早餐配咖啡，有的则点紫罗兰花茶（见下面微博）。

（1）很小资情调的地方。来这儿的基本上都是附近的学生，只要遇到心情不好的时候就会选择来这里发呆坐一下午，喝一杯咖啡，看看窗外，我在雕刻时光咖啡馆。

（2）惬意的午后～连日的阴霾终于迎来了久违的阳光，也让我找回了久违的好心情，泡上一杯速溶咖啡，恰似小资的情调，暖暖的一杯下肚，压抑已久的坏心情一扫而空，又是美好的一天～

（3）妇女之友 GF2 的小资生活，小猴，来壶紫罗兰花茶！

综上，大学生通过在微博中亮晒吃喝的食物以及地点，来体现自己的小资生活情趣。

2. 街拍、旅游

大学生闲暇时喜欢逛街，他们会把逛街时所看到的能符合其小资心结的货物拍摄下来亮晒于微博。如下面几则微博。

三网融合时代的手机，既具有拍摄功能，也具有即时上网发照功能。大学生们在逛街的过程中，会把所看到的心中理想之物上传到微博空间中。有的大学生在逛街的过程中，先后上传了 18 张照片，这里面有玩具、有工艺品、有栽培、有装饰品等。一边逛，一边享受着“小资的惬意”，并把所逛的店称为“小资的店”。

（1）这是 2016 年第三次来上海，从大三的实习开始，已经喜欢上这个城市了。很多人厌倦大城市的生活，我倒是觉得大城市的生活也会很惬意，工作之余，漫步于文艺清新的街道，穿梭于老上海弄堂，或时而小资一下，便觉舒矣。

（2）很喜欢这种小资的店。❤❤❤❤

有的喜欢高跟鞋，认为“高跟鞋”能营造“小资范”，她也在看高跟鞋时将心中所喜爱的高跟鞋，以及鞋店周转的环境拍摄下来，并上传于微博，见下面她的微博。

高跟鞋都能营造出这种风情味十足的小资范，高跟 73 小时拔草

除了街拍，大学生小资们还喜爱旅游，他们会在微博中写下自己的旅游轨迹，并将所搜集的旅游景点发布于微博，供他人分享。有的到厦门旅游，坐在旅行观光车上，欣赏着外面的风景。穿拖鞋、戴太阳帽游沙滩，体验着小资的生活和味道。有的则向大家推荐了小资最爱的十大旅行地和具有文艺小资的杭州。有的则想去很多自己向往的地方。见下面微博：

（1）【厦大白城】初到一个陌生的城市，最惬意莫过于淘张公交卡，做全城公交之旅。坐着最廉价的旅行观光车，看着外面形形色色的建筑，感受热带植物的绿意招摇。入乡随俗，小资，拖鞋，太阳帽，沙滩，海浪，快艇，一应俱全！丽宝说下雨天海滩最有味道，嗯，的确，味道是正宗的咸，鉴定完毕！

（2）【趣味测试：小资最爱的十大旅行地】1. 阳朔：田园风情；2. 丽江：柔软时光；3. 大理：风花雪月，浪漫何求？ 4. 凤凰：适合发呆；5. 泸沽湖：神秘浪漫；6. 西湖：诗意江南；7. 三亚：阳光、沙滩、海浪；8. 鼓浪屿：不去鼓浪屿，小资也枉然；9. 婺源：最美乡村；10. 西藏：心灵栖息的地方。

（3）【西湖四眼井】想要感受文艺小资的杭州，就去四眼井吧。青旅，主题餐厅，特色茶楼，这里是时尚与自然的融合。这里的青旅浪漫多姿，马灯部落、途安、帕克、香巴拉、隐上花园、桌球、烧烤、山地车、自助餐、书籍，期待一场惊喜的邂逅，怎会让人没有遐想。

（4）我想去猫的天空之城，我想去港口边的回声书吧，我想去走遍浪漫之都大大小小不为人知的角落，我想去情侣才应该去的厦门鼓浪屿，我想去最南方浪迹的天涯海角，我想去文艺青年才考虑的那个小镇莫尔道嘎。我想去海边，我想进丛林深处，我想去法国，我想行走在冰天雪地里，拍别人从未拍出来过的照片……

综上所述，大学生就是通过在微博中展示自己的街拍、旅游经历及旅游素材、旅游设想来显现自己的小资生活情趣。

（二）精心呵护身体

小资的品位还体现在“对身体的精心呵护”上。吉登斯认为，“随着现代性的出现，某种类型的身体外貌和行为举止，明显地具有特殊的重要性”。[47]

大学生中的“女小资”能清楚地意识到容貌的好处，认识到身材优秀的主导理念——在节食上，特别是时间上进行大的投资，用于提高她们的体貌，并且是各种各样化妆品的绝对信徒。“将自己的身体当作一个优雅之器，一个延绵不断的奇迹来体验的机会，在身体的能力与社会认同一致时，就越大；与之相反，随着理想身体与实际身体、梦中的身体和反映在别人的反应中的‘镜中自我’的差距的扩大，身体中体验到的拘束、窘迫、胆怯的概率就增大。”[48]为了将自己身体的能力与社会认同达到一致，她们不惜在时间上、金钱上对自己的身体进行投资，打造出令他人最愉悦的理想化的自我（见下面微博）。

为了好的身材，有的大学生进行跑步锻炼。有的大学生则采取减肥瘦身法、养生食疗法、运动速瘦法等。她在许多篇微博中介绍了许多关于此类的方法，她提醒大家饭后不要喝饮料，以及不要宿便，要养成排便的好习惯。她给大家推介调节内分泌的方法。此外，她还介绍了减肥的方法，如心理暗示法和8种健康减肥茶，以及到健身房练瑜伽、踩动感单车、跳肚皮舞、做有氧搏击操、练普拉提。除此之外，她还推介了养颜瘦身秘籍、13种养生食疗法（见下面微博）。为了保持姣好、健美的身材，她采用各种瘦身法，从饮食到运动，内外配合。

（1）俄亥俄大学研究结果显示，不论何种体型的女性，只要大聊自己太胖，受欢迎程度就明显偏低，其中身材纤细却抱怨自己太胖的女性最惹人厌。与之相反，体型富态但能乐观谈论自己身材的女性受欢迎程度较高。:）哈哈哈，我是减肥中的胖子，最喜欢和瘦瘦的亲一起跑步啦！

（2）【饭后不要喝饮料】很多女孩子都喜欢饮用饮料，可很多饮料会让你增长脂肪。特别是在饭后饮用会把原来已被消化液混合得很好的食糜稀释，影响食物的消化吸收，也会冲淡胃酸，而导致肠胃消化不良。那样就更容易使身体变得肥胖了。所以，想要拥有好身材，最好不要在饭后饮用饮料。

（3）【宿便，你这个可怕的杀手】清除宿便后，体重会下降1—15公斤！（尼玛啊！这么多！！！）它是身材杀手！健康杀手！皮肤杀手！转给身边便秘的朋友吧。

（4）【给亲们：调节内分泌】要是一个女人，女人做得越纯粹，皮肤和身材就越好，没有一个步入更年期的女人能保持少女的模样。身体内在不好，用多少化妆品都没有用。下面是一些饮食和日常的调节方法，转给你爱的女人吧！

（5）【心理暗示法减肥】1. 在日记本上记录自己的体重变化。2. 在屋子里贴满有你羡慕身材的名模海报。3. 每天在镜子前全裸检查自己。4. 开始一段让你动心的恋爱。5. 在衣橱挂上你喜欢而且很瘦的衣服。6. 涂蓝色的指甲油或冷色系的指甲油可以降低你的食欲。

（6）【8种健康减肥茶，喝出苗条身材】1. 黑豆茶：抑制脂肪吸收；2. 杜仲茶：排毒、预防肥胖症状；3. 黑乌龙茶：去脂率提升至2倍；4. 武靴叶茶：抑制糖分的吸收；5. 苦瓜茶：阻止体脂肪的形成；6. 蒲公英茶：提阻碍脂肪的积聚；7. 藤黄茶：促进脂肪燃烧；8. 博士茶：分解脂肪。

（7）【健身房“速瘦”运动排行榜】第1名：热瑜伽，超级燃脂。第2名：动感单车，想瘦哪里就瘦哪里。第3名：肚皮舞，让身材更有女人味。第4名：有氧搏击操，塑身“一劳永逸”。第5名：普拉提，让你“看上去很瘦”。

（8）【13种养生食疗法】1. 吃芝麻养头发；2. 吃枣仁安神；3. 吃芒果呕吐止；4. 吃胡椒祛风湿；5. 吃山药益补脾；6. 吃百合益补肺；7. 要健脑吃核桃；

8. 吃苹果益补肾；9. 吃葡萄补肝肾；10. 吃鲜桃益五脏；11. 乌龙茶减肥；12. 身材瘦吃土豆；13. 气血虚吃荔枝。

在穿着打扮上，有位女大学生更是有自己的一套。她的核心理念是：紧跟时尚潮流，绝不落伍。她在微博中发表的 13 篇微博，体现了她的着衣理念，色彩的搭配、设计的修身效果、肤色的衬托，她都点出了（见下面微博）。

（1）素雅色彩碎花连身裤，抹胸的设计风格，非常的性感，精致的小菲边，充满了浪漫的味道，同时吸引众人的眼光，带有丰胸的效果，让胸部的造型更加的立体。臀部松垮而流畅的质地，看不出是肥是瘦，带来轻松的效果，立即收紧的裤腿显露出纤细的身材线条。

（2）非常前卫的一款街头小 T，大气而不失嬉皮味儿！利落的版型，简洁的款式，本季混搭时尚的最佳代表！！独特的撞色拼接雪纺蝙蝠袖 T 恤，打造出春夏超好穿的打榜单品！宽松修身的板型，不挑身材穿着，谁穿都有显瘦的效果哦！！布料亲肤、自然，犀利的风格很百搭，有很好的修身效果，做工精细，恣意休闲。

（3）纯棉面料的连衣裙。采用了抹胸的设计风格，精致而上翘感觉的小菲边，让胸部的造型更加的立体，非常的丰满。褶皱的设计，具有完美的塑形效果，精致的腰身，非常的有型，搭配上宽大的裙摆，时尚的层次，打造出浪漫而甜美的小淑女形象。

社会认知理论认为，个人会模仿他们所认同的人的行为。人们通过媒介来学习他们所认同的角色。他们思考所扮演行为的结果，模仿那些看起来有效的行为。通过媒介的叙述和描写，个人会用替代性的思想验证来考虑如果他们模仿某一种行为是否会获得成功。认同媒介中的某一角色，某种程度上是个人发现角色与他们相似。被发现的相似指的是个人在一定程度上相信扮演者似乎真的反映了他自己的经历。被发现的相似性越多，就越有可能认同，从而也越可能模仿。[49]

她将自己的身体控制得恰到好处，“身体的惯例性控制是能动的本质及他人接受（信任）为有能力的存在本质的内在组成部分”[50]。“身体，是一个人唯一有形的表现形式的社会产品，一般作为最内在的本性的最自然的表达而被感知。”[51]身体的外在性，无论是对于个体还是对于他人来说，都是一个显见的立刻事实。身体的外在性，就是身体的公共尺度。身体的内在性被绑缚在个体自身那里，身体的外在性则同自身之外的人打交道。身体的外在性从属于社会。它必须受到他者的目光审查，遵循外在性标准。因此，制造一个外在的身体形象，就成为迫切的个人任务。对于整个社会而言，身体的价值是由外在性决定的。为了方便地进入这个外在世界，进入外在世界的观念体系，进入外在世界的法则，就有必要打造一个恰如其分的身体。[52]大学生就是按照社会上时尚小资的标准来控制自己的身体（如减肥瘦身），并精心呵护自己的身体，从上到下、从里到外地包装自己，从而塑造出相对满意的“小资”形象。

总的来说，大学生通过所流露出的“情调”，以及浸润在“生活情趣”“精心呵护身体”上的品位，体现了对“小资”的主观认同，也建构了其“小资”的身份。正如保罗·福塞尔所说，正是人的生活品味[53]和格调决定了人们所属的社会阶层，而这些品味格调只能从人的日常生活中表现出来。如穿着、平时爱喝什么、喜欢什么休闲和运动方式，看什么电视和书，怎么说话，说什么话，等等。[54]有钱并不必然使你的社会地位提高，但有生活格调和品味却必然会受到别人的尊重和欣赏，因而提高了你的社会等级。[55]

本章小结

大学生活与高中生活的剧烈反差，使一些大学生们无所适从，容易迷失自我，找不到前进的方向，在多种选择面前茫然失措，也找不到学习、生活的意义与价值所在；此外，因高校扩招以及就业分配制度改革所带来的就业难，使大学生由过去的“天之骄子”变为“普通劳动者”，而“骨子里”的精英意识，使一些大学生滋生出“身份的焦虑”，从而不满大学校园，否定学习价值，以逃课、挂科虚度时日，不像“大学生”。如此这些都说明大学生缺乏自我定位，其定位势在必行。定位能帮助大学生明确目标和方向、找到自身的价值和学习生存的意义。

大学生自我定位的方式主要有以兴趣、能力定位，以社会角色期待定位，大学生在定位及其实践中寻找自身的价值，获得对自我的认同。

“小资”含义经过历史的演变，已淡化其经济、政治的阶级色彩，成为一种生活方式，是一种生活情调与生活品位。虽然大学生有的在客观上不符合小资标准，但他们却在主观上认同自己为“小资”，他们通过小资情调与小资品位建构起了自己的“小资”阶层认同及“小资”身份：其小资情调主要表现为爱情的浪漫和伤感，其小资品位主要体现为“读有小资韵味的书”“品咖啡”“泡吧”“精心呵护身体”等方面。

注释：

[1] [美]乔治·赫伯特·米德．心灵、自我与社会[M]．霍桂桓．北京：华夏出版社，1999.

[2] [美]乔纳森·H. 特纳．社会学理论的结构[M]．邱泽奇，张茂元等．北京：华夏出版社，2006:331-332.

[3] [美]乔纳森·H. 特纳．社会学理论的结构[M]．邱泽奇，张茂元等．北京：华夏出版社，2006:350.

[4] 周晓虹．认同理论：社会学与心理学的分析路径[J]．社会科学，2008(4):48.

[5] [美]乔纳森·H. 特纳．社会学理论的结构[M]．邱泽奇，张茂元等．北京：华夏出版社，2006:363.

[6] [美]欧文·戈夫曼．日常生活中的自我呈现[M]．黄爱华，冯钢．杭州：浙江人民出版社，1989.

[7] 陈献．大学生自我定位意识与模式探究[J]．中国科教创新导刊，2008(34).

[8] 华桦．论当代大学生的身份认同危机[J]．当代青年研究，2008(10).

[9] [英]安东尼·吉登斯．现代性的后果[M]．田禾．北京：译林出版社，2000:130.

[10] [英]安东尼·吉登斯．现代性与自我认同：现代晚期的自我与社会[M].

赵旭东，方文. 北京：生活·读书·新知三联书店，1998:165.

[11] [英]安东尼·吉登斯. 现代性与自我认同：现代晚期的自我与社会[M]. 赵旭东，方文. 北京：生活·读书·新知三联书店，1998:9.

[12] 南方周末，2008-3-28.

[13] 就业蓝皮书：08届大学毕业生中仍有16万“啃老族”[EB/OL]. 中新网，2009-6-10 10:31.

[14] 腾讯教育. 2015年中国大学生就业压力调查报告[EB/OL]. http://edu.qq.com/a/20150529/032180.htm,2015-05-29 11:52.

[15] [英]安东尼·吉登斯. 现代性与自我认同：现代晚期的自我与社会[M]. 赵旭东，方文. 北京：生活·读书·新知三联书店，1998:70-76.

[16] [英]阿兰•德波顿. 身份的焦虑[M]. 陈广兴，南治国. 上海：上海译文出版社，2007：49-50.

[17] 梅莹，薛莉，杜双双，陈诚. 调查显示英语四六级证书失去求职竞争力[EB/OL]. 荆楚网-楚天金报，2009-8-16 7:15.

[18] 华桦. 论当代大学生的身份认同危机[J]. 当代青年研究，2008(10).

[19] 陈猷. 大学生自我定位意识与模式探究[J]. 中国科教创新导刊，2008(34).

[20] Joiner, R., Gavin, J., Brosnan, M., Crook, C., Duffield, J., & Durndell, A., et al. (2006). Internet identification and future internet use. *CyberPsychology & Behavior*, 9(4): 410-414.

[21] Joiner, R., Gavin, J., Duffield, J., Brosnan, M., Crook, C., & Durndell, A., et al. (2005). Gender, internet identification, and internet anxiety: Correlates of internet use. *CyberPsychology & Behavior*, 8(4):373.

[22] 中华人民共和国成立以来各时期党和国家的教育方针表述[EB/OL]. http://www.tsinghua.edu.cn/docsn/dwyjsgzb/file3.htm,2002-2-27.

[23] 开复给学生的第七封信：21世纪最需要的7种人才[EB/OL]. http://hi.baidu.com/20xx/blog/item/15b681d4e81efb04a18bb7a9.html,2008-5-26 14:11.

[24] [美]林南. 社会资本——关于社会结构与行动的理论[M]. 张磊. 上海：

上海人民出版社，2005:18.

[25] [美]林南．社会资本——关于社会结构与行动的理论[M]．张磊．上海：上海人民出版社，2005:20-21.

[26] 武莉娜，李院莉．对大学生定位于普通劳动者的质疑[J]．当代教育论坛，2007 (5).

[27] 陈杰英．大学生初次就业角色定位对就业影响的实证分析[J]．青年探索，2008 (6).

[28] 转引自袁梅．审美文化视野中的“小资”和“小资情调”[J]．齐鲁学刊，2005(5):90.

[29] 包晓光．小资情调——一个逐渐形成的阶层及其生活品味[M]．长春：吉林摄影出版社，2002:IV.

[30] 袁梅．审美文化视野中的“小资”和“小资情调”[J]．齐鲁学刊，2005(5):91.

[31] 林怀宇．从小资形象的嬗变看大众传媒对日常生活的影响[J]．新闻界，2005(6):126.

[32] 包晓光．小资情调——一个逐渐形成的阶层及其生活品味[M]．长春：吉林摄影出版社，2002:27.

[33] 包晓光．小资情调——一个逐渐形成的阶层及其生活品味[M]．长春：吉林摄影出版社，2002:1.

[34] 郑坚．当代传媒场域中的“小资”文化解析[J]．当代传播，2008(1):50.

[35] 李培林，张翼，赵延东，梁栋．社会冲突与阶级意识：当代中国社会矛盾问题研究[M]．北京：社会科学文献出版社，2005:41-44.

[36] 李培林，张翼，赵延东，梁栋．社会冲突与阶级意识：当代中国社会矛盾问题研究[M]．北京：社会科学文献出版社，2005:64.

[37] 郑坚．当代传媒场域中的“小资”文化解析[J]．当代传播，2008(1):50.

[38] 李培林，张翼，赵延东，梁栋．社会冲突与阶级意识：当代中国社会矛盾问题研究[M]．北京：社会科学文献出版社，2005:48.

[39] 小资情调 [EB/OL]. http://baike.baidu.com/view/26419.htm.

[40] 袁梅. 审美文化视野中的“小资”和“小资情调”[J]. 齐鲁学刊，2005(5):90.

[41] 童龙超. 阶级宿命论与“小资产阶级作家”[J]. 社会科学研究，2007(1):19.

[42] 袁立. 当代大学生恋爱态度调查与分析 [J]. 中国健康心理学杂志，2005,13(4):278-280.

[43] 刘彦华，李鑫，曾宪翠. 新时期大学生恋爱观的调查与思考 [J]. 教育科学，2007(4).

[44] 王兵，蔡闽，衡艳林. 大学生婚恋观调查分析 [J]. 中国性科学，2005，14(12).

[45] [美] 格伦斯基. 社会分层 [M]. 王俊等. 北京：华夏出版社，2005:439.

[46] 冯果. “上海小资”与“小资电影”[J]. 当代电影，2007(5):148-151.

[47] [英] 安东尼•吉登斯. 现代性与自我认同 [M]. 赵旭东，方文. 北京：生活·读书·新知三联书店，1997:111.

[48] [美] 格伦斯基. 社会分层 [M]. 王俊等. 北京：华夏出版社，2005:453-454.

[49] Andsager, J. L., Bemker, V., Choi, H., & Torwel, V. (2006). Perceived similarity of exemplar traits and behavior： Effects on message evaluation. *Communication Research,* 33(1):3-18.

[50] [英] 安东尼•吉登斯. 现代性与自我认同：现代晚期的自我与社会 [M]. 赵旭东，方文. 北京：生活•读书•新知三联书店，1998:63.

[51] [美] 格伦斯基. 社会分层 [M]. 王俊等. 北京：华夏出版社，2005:449.

[52] 汪民安. 身体、空间与后现代性 [M]. 南京：江苏人民出版社，2006:45.

[53] 梁丽真等在《格调：社会等级与生活品味》中所翻译的“品味”与王俊等在《社会分层》中所翻译的“品位”虽然词形不同，但其所指涉的意义是一样的，均涉及对食品的选择与使用。本文除在引用时为忠实于原文使用“品味”外，其余均使用“品位”一词。而事实上，这两词是有区别的，“品味”强调品尝、玩味、风味；而“品位”强调能力、水平、档次。而二者又是有联系的，如果用较简洁的语言将二者

表述出来那就是：善于品味的人其品位往往很高，而不善于品味的人则大多没有品位。大学生是受过高等教育的，比没受过教育或教育程度低的人更能品出能力、品出水平，因而本文使用品位一词。

[54]　[美]保罗•福塞尔. 格调：社会等级与生活品味[M]. 梁丽真，乐涛等. 南宁：广西人民出版社，2002:13.

[55]　[美]保罗•福塞尔. 格调：社会等级与生活品味[M]. 梁丽真，乐涛等. 南宁：广西人民出版社，2002:19.

第五章　文化的皈依

人是文化的人，社会是文化的社会。“文化”一词的鼻祖，英国文化人类学家泰勒于1871年在《原始文化》一书中把文化定义为：“从广义的民族志意义上讲，文化或文明是一个复杂的整体，它包括知识、信仰、艺术、道德、法律、风俗以及作为社会成员的人所具有的其他一切能力和习惯。”[1]美国克利福德·格尔茨依据马克斯·韦伯提出的“人是悬在由他自己所编织的意义之网中的动物”将文化定义为“由人自己编织的意义之网”，人们通过这些意义结构“构成信号领会并相互联系”。[2]文化是一块吸附力极大的海绵，他会把人类走过的足迹记录其中，也会把一个部族、村落、地区、民族、国家长年累月在衣食住行中形成的习俗一一吸收进来，并按约定俗成的规则年复一年地重复它。[3]

英国文化理论家雷蒙·威廉斯曾说过：“人们的社会地位和认同是由其所处的文化环境所决定的，也就是说文化具有传递认同信息的功能。”[4]“文化认同”成为个人或者集体界定自我、区别他者，以同一感凝聚成拥有共同文化内涵的群体的标志。它是对人们之间或个人同群体之间的共同文化的确认。使用相同的文化符号、遵循共同的文化理念、秉承共有的思维模式和行为规范，是文化认同的依据。人们之间在文化上的认同，主要表现为双方相同的文化背景、文化氛围，或对对方文化的承认与接受。同其他认同形式一样，文化认同的主题是自我的身份以及身份正当性的问题。具体地说，一方面，要通过自我的扩大，把“我”变成“我们”，确认“我们”的共同身份；另一方面，又要通过自我的设限，把“我们”

同“他们”区别开来，划清二者之间的界限，即“排他”。只有“我”，没有“我们”，就不存在认同问题了；只有“我们”，没有“他们”，认同也失去了应有的意义。这两个方面是不可分割的。文化认同的独特之处就在于，认同的指标不是人们的自然属性或生理特征，而是人们的社会属性和文化属性。[5] 由于社会身份的多样性和复杂性，人可以从属于不同的社会共同体，小到家庭，大到国家。文化认同因而是复合型的，由多种维度构成，随着社会的发展而不断增多和日趋复杂。在人类社会的早期，家庭、部落、族群是个人或群体文化认同的主要单位，随着社会的演进，超越血缘纽带的城镇、地区、国家甚或宗教、语言、社会团体等都可以成为人类文化认同的载体。[6]

当前，我国正处于从传统社会向现代社会的转型时期，也跨入了全球化时代，这使得文化多元化趋势成为潮流，文化交流也日益广泛。在传统与现代的碰撞、中西文化的冲突与融合中，一些传统道德观念被打破，传统文化出现明显的断层和裂缝，而文化的变迁又使个体与他人、社会之间固有的模式随之发生改变和重组，促使人的文化和价值观念也发生相应变化，个体的生存意识和生存方式也发生转变。麦当劳、可口可乐、圣诞节、情人节、好莱坞、迪斯尼、比基尼、牛仔裤、超级商场和金融机构、选美大赛和世界小姐的大量涌入，不仅改变了我们的生活方式，也改变着我们的文化观念。更有甚者，“网络”这个天涯若比邻的电子媒介，已经成为人生活中不可缺少的一部分。它将世界整合为地球村的同时，也使许多人特别是青年患了“网络病”，在他们那里，网络不止是工具，是一个获取资讯的手段，网络在他们那里已经成了生活中不能分离的“爱侣”。因此网络在创造了许多经济奇迹的同时，也带来了意想不到的文化奇观。

在旧文化的解体和新文化的创造过程中，各种各样的符号冲击着大学生的心灵世界，大学生正处在世界观、人生观、价值观的形成时期，思想还不够成熟，容易受外界不良因素的影响。在思想方法上，感性多于理性，看问题容易片面。正是由于大学生自身的这些特点，使他们中的一些人在眼花缭乱的多元文化的强烈冲击下，在社会发生变革和转型的背景下，在各种意识形态和价值观念的冲突与碰撞中，思想容易发生变化或陷入矛盾与困惑之中，也会产生一定的伦理迷失，导致心理、行为发生混乱。有的在民族文化认同感上出现了不同程度的迷失，主要表现在：对西方文化的迷恋，对中国传统文化的疏离；对新潮的异己文化的追逐，对朴质的本真文化的冷漠；缺乏对先进文化和落后文化的准确判断，缺乏对优秀文化的价值和意义的肯定认同[7]。诚如一位大学生微博主所言："汉语近些年在沦落，在学习他国语言的同时，我们是否真正学好我们的母语和中国传统的文化，在当西方逐渐兴起'汉语热'的时候，我们早已忘乎我们的传统，如茶文化、书法等，又有多少人真正懂或会？"

但并不是所有的大学生都如此，有的大学生提倡传统文化："我们的成长要摆脱低俗事物的纷扰，用传统文化来滋养。有句话叫柔日读史，刚日读经。是说意志懈怠时读史以明志：谋臣策士，家国三寸簧舌里；金戈铁马，江山万里血泪中。读史书，能养浩。"

有的大学生时刻不忘自己的家乡，有的大学生虽然平时也认同学校所在地的文化，但对家乡文化的认同也表现得非常深刻。在对国家的认同上也是如此，有的大学生不是盲目地崇拜他国文化，而是能理性、辩证地对待它，绝大部分大学生一到关键时刻，对自己的国家体现出强烈的认同。

第一节　地方共同体的建构

英国学者齐格蒙特·鲍曼在《共同体》一书中将"共同体"定义为："社会中存在的、基于主观上或客观上的共同特征（这些共同特征包括种族、观念、地位、遭遇、任务、身份等）（或相似性）而组成的各种层次的团体、组织，既包括小规模的社区自发组织，也可指更高层次上的政治组织，而且还可指国家和民族这一最高层次的总体，即民族共同体或国家共同体。既可指有形的共同体，也可指无形的共同体。"[8]"共同体"意味着一种"自然而然"的、"不言而喻"的共同理解。[9]

按鲍曼对"共同体"的理解，我们可将"地方共同体"定义为社会中存在的、基于主观上或客观上的共同特征，如共同地域、共同语言、共同风俗而组成的团体或组织。从文化层面讲，如果说国家共同体对应的是中华文化，民族共同体对应的是民族文化，那地方共同体对应的则是地域文化（或称“地方文化”“区域文化”）。中华文化不仅形成了全社会主流的价值观，影响地域文化的形成和发展，而且中华文化是由各具特色的地域文化构成。各地域文化既受主流价值观的规范与制约，又以其地域特色而使中华文化丰富多彩。

地域文化是指“在同一地域生活的人们在漫长的历史中，在不断的物质和精神的生产实践中逐渐形成的具有地域特色的独特的文化传统和文化体系”[10]。其“产生、发展受着地理环境的影响，不同地区居住的不同民族在生产方式、生活习俗、心理特征、民族传统、社会组织形态等物质和精神方面存在着不同程度的差异，从而形成具有鲜明地理特征的地域文化”。[11] 可以说没有抽象的无地域的历史和民族，任何民俗文化的历史性、民族性都是附丽于地域而形成的，都是因地域的差别而彰显其特点的。[12] 地域文化并不是一个僵死的、静止的概念，任何文化区作为一种文化共同体都是历史的延续，都是不断发展的、变化的。[13]

大学生大多数远离家庭外出求学，家庭意义上的地域共同体联结逐渐退出了他们的生活舞台，在他们的生活中，是以学业、兴趣爱好所结成的人际关系。但实际上，这些人际关系所提供的情感和归属意义是相当不牢固的。尤其是随着大学生群体异质化程度不断提高，更加难以肩负促进身份认同的责任。事实上，大学生骨子里认同的还是与他有着血缘关系的家人，由血缘而地缘，他也认同家所在的地方群体。于是，不管他们在求学阶段“漂泊”[14] 到什么地方，这些地方都是他们短暂的栖息地，而在他们灵魂深处，有一个最安稳的地方，那就是他们的家乡。于是，乡音、乡情、乡愁成为一根始终无法剪断的脐带，弥漫于他们的微博中。

一、再现家乡风景

大学生喜欢在微博里喜欢展示自己的家乡，他们把家乡的风景照发布于微博。家乡的全景、家乡的一隅，家乡的山水湖泊、家乡的小路桥梁、家乡的机场火车站等，尽收大学生的眼底，他们奔走于学校与家乡之间，在学校时思念家乡而不得，回乡时把看到的家乡风景拍摄于手机，以便思念家乡时翻出来回味。见下面微博：

（1）每次回老家，总要拍拍这株二层楼高的#凌霄花#，这次还见到了非常配合的燕子，怎么拍都不飞，本色出镜，外加蝴蝶。听父亲说有外地的鸟儿来栖息，在塘边下一大堆鸟蛋，见到了但没拍到。鸭子见我有些认生，不像皖南唐模村的鸭子，成熟旅行目的地与处女地还是有区别的，不过，我更热爱家乡的这个村。

（2）开学将近，叫上几个朋友去吉和塔一叙，从塔上俯瞰我的家乡，不舍的情绪油然而生，但是男儿终将出去闯荡，我们终会荣归故里。

（3）曾无数次想讲述自己家乡的美丽。如今通过俯瞰视角一步步还原松原美。这就是我的家乡松原。

（4）我的家乡天津，简单舒服。来套煎饼果子，骑着自行车在五大道或意式风情街转转，每个建筑都记述着城市的故事。在土得掉渣儿的古文化街淘淘宝。漫步海河边，在天津眼转到最高处时俯瞰整座城市的夜景。长城黄崖关雪景，渤海边的日出……这里真的很好。

（5）我的家乡湖口县风光秀丽，人文荟萃，处于数条黄金旅游线上，主要旅游点有玲珑幽静的石钟山、雄伟神奇的庐山及烟波浩瀚的鄱阳湖等。

（6）恩施的风雨桥是十分不同于其他地方的一种风土文化，与普通的桥不一样的是，风雨桥就好比步行街一样，只能允许人行走，有双层、三层多种形式，就好比把一座吊脚楼搬到了水面上，夏天乘凉特别的舒服。

（7）家乡的夕阳，另外一种美。

（8）#拍照神器#我的家乡雪景！

二、展现家乡饮食

民以食为天，饮食在人们生活中占有十分重要的位置。它不仅能满足人们的生理需要，而且也因其具有丰富的文化内涵，在一定程度上满足了人们精神层面的需求，从而形成丰富多彩的饮食文化。饮食文化是指人类在饮食原料的获取，食品的加工、制作、食用过程中，创造的技术、艺术、科学及其在饮食基础上形成的心理素质和思想意识，是制作食物前原材料的选择利用、食物制作和饮食消费过程中所运用的技艺和科学，以及在饮食基础上形成的各自的传统习俗、思想哲学，它是人类全部食事活动的总和。是传统习惯、生活方式等方面表现出来的物质文明和精神文明的总称。

饮食是文化认同的基本标志。莱维·斯特劳斯强调烹饪的重要性，认为烹饪是自然物向文化物的转化。[15] 中国菜肴在烹饪中有许多流派。其中最有影响和代表性的也为社会所公认的有：鲁、川、粤、闽、苏、浙、湘、徽等菜系，即被人们常说的中国“八大菜系”。一个菜系的形成是和它的悠久历史与独到的烹饪特色分不开的，同时也受到这个地区的自然地理、气候条件、资源特产、饮食习惯等影响。有人把“八大菜系”用拟人化的手法描绘为：苏、浙菜好比清秀素丽的江南美女；鲁、皖菜犹如古拙朴实的北方健汉；粤、闽菜宛如风流典雅的公子；川、湘菜就像内涵丰富充实、才艺满身的名士。中国“八大菜系”的烹调技艺各具风韵，其菜肴之特色也各有千秋。可用三字经来概括各地的特色：“涮北京，包天津，甜上海，烫重庆，鲜广东，麻四川，辣湖南，美云南，酸贵州，酥西藏，奶内蒙，荤青海，壮宁夏，醋山西，泡陕西，葱山东，拉甘肃，炖东北，稀河南，烙河北，罐江西，馊湖北，汃福建，爽江苏，浓浙江，香安徽，嫩广西，淡海南，烤新疆，醇台湾，港澳者、兼中西。”

饮食是大学生文化认同的重要方面。大学生身在异乡，但离不开家乡的美食，他们想念家乡的美食，想念美食纯正地道的家乡味。每当要放寒暑假，他们就“迫不及待”地想吃家乡的美食。回家吃到家乡菜时，他们还要用手机把菜拍下来发到微博中。而到开学时，他们则把家乡的美食带到学校，供同学们分享。见下面微博：

（1）想了想，明天还是回家！好久没见到家乡的朋友，美食，已经迫不及待了！

（2）宁都是赣南最北的一个县城，素有“文乡诗国，赣南粮仓，客家摇篮”之美誉，文化底蕴深厚。说起宁都，首先想到的是“肉丸”。宁都肉丸，在宁都方言中叫“肉撮”，它口味独特，口感细腻，是宁都人民最喜爱的小吃。宁都人民的风俗因有“无肉撮不成席”的说法。因而每逢喜事，必须做宁都肉撮。

（3）#家乡美，我在宣恩#西南地区的孩子一定对泡菜不陌生，与其他地方很多的甜味不同，西南地区大多都是酸味的，萝卜、白菜叶、葱果、豇豆条都是密封在泡菜坛子里的秘密，宣恩的泡菜是我的爱。

（4）外面下着雨但是心情不错～去菜市场买菜，阿姨送了两朵小蘑菇，回家里自己捣鼓，吃着家乡的地道排骨粉还有前天包的水饺。还成功地做了一颗溏心蛋……知足，就是幸福。简简单单，这样挺好～

（5）【长春高校开学　校园变身小型“特产博览会”】3月8日，长春市各高校陆续开学，天南地北的学子纷纷带着家乡特产回到学校。一时间，海南腰果、山东“蜜三刀”、武汉周黑鸭、哈尔滨红肠等美食集中亮相，互换、品尝、评价，校园内好像处处在举办着小型的“中国特产博览会”。

饮食是大学生所在地域重要的自我认同的符号，大学生通过在微博中发布有关家乡美食的照片以及书写对家乡美食的依恋，通过与同学一起分享家乡的味道，来建构大学生的地域文化认同。而且他们在外地对家乡饮食的重视程度远远超过他们在家乡的重视程度。在家乡时，饮食是习以为常的存在，因而容易被忽略；而在外地时，家乡饮食是与众不同的特殊存在，因而被重视，被怀念，被抒写。

三、抒写家乡情

20世纪90年代以来中国民众具有“向城求生”[16]的心态。随着现代化进程的加速，商业经济大潮的冲击，城乡关系的松动，尤其是中国采取自下而上的乡村城市化的现代化建设模式，由乡村走向城市逐渐成为中国历史上前所未有的一股流动潮流，大多数中国民众最渴望选择的生存方式就是：迁居城市。随着中国现代化进程的不断前进，城市与乡村的距离越来越大，乡村成为贫困、落后与愚昧的代名词；而城市则是文明的象征，是文明的消费中心，同时也是现代化的集中体现。对于长期感受乡村贫苦和地位卑微的人而言，对城市的向往和追求就是对现代幸福的追求和向往。“城”是与乡村相对的概念，相对于乡村来说，镇就是城，而相对于镇来说，县城就是城，比县城更大的都市又被居住在县城的人称为城，它超越了形而下的地理位置，承载了“先进”“文明”“时尚”“富裕”“幸福”等富含“现代性”的文化意义。对于相当一部分大学生来说，自己能考上大学，意味着自己“由蛹化蝶的蜕变”，“蜕变”能映照出自己“袍子底下”的“小”来，引起自己对家乡身份的焦虑，于是极力想回避原有的家乡身份，而特别想成为“城里人”，以提高自己的身份地位。

但也不是全部大学生都如此，相当一部分大学生往往身处异地但又思念家人、眷恋乡土，他们会把这种思想感情倾诉于微博中。“‘这是一种灵魂的活动’，是意味着自己的灵魂回到了故乡，也是对自己精神家园的寻找。他们自感不属于或不完全属于当今生存的地方，但他们也已不是故乡的人。”[17] 从故土到异乡，又从异乡奔向新途——在一次次地迁徙流转中，一切都陌生起来，暧昧起来，“从此，家乡和异乡的角色虽互为两极，又难分彼此，纠缠着存在于我的日子里”[18]。每当寒暑假，他们就奔赴于两极，“近乡”时的迫切，与“离乡”时的不舍或意气凛然，充盈在大学生的微博空间。家是令他们感到安全、放松的地方，但与此同时，为了追求、为了梦想，家又是他们不得不离开的地方，而远离父母又会令他们感到不安，心生愧疚，萌生出“以后每年都要尽力陪他们在家乡过节”的决心，以及“多花时间，多看他们几眼”。而不能回家的，则在微博空间中用语言表达对家乡、对亲人的思念，“片片绿叶饱含着对根的情意，他乡的我载满对家乡的思绪，每逢佳节倍思亲，想你想家想亲人”。有的将“乡愁”具化为“妈妈亲手做的手擀面”“父亲手中的烤全羊”“家乡香甜的马奶酒”“绿色的草场”“成群的牛羊”“家乡的蓝天白云”“蒙古族马头琴和长调”。见下面微博：

（1）明天晚上，我将踏上回家的列车，143 天，我终于要回到我神往已久的家乡了！你们和我都变了吗？齐齐哈尔变了吗？让我来慢慢探寻！

（2）离家乡越来越近了！@幸福专线520

（3）这一路，虽然没有朋友的陪伴，但一路，很开心，很有爱！更有对家乡、妈妈、亲人，还有朋友的期盼！有着很多朋友的祝愿，这一路，虽然很痛苦，但感谢一路有你们，那些半夜还被我骚扰的哥们、红颜，谢谢你们让我减少旅途寂寞！

（4）大年初一就感冒了，只有回到家乡才这么放松。祝大家龙年大吉！

（5）告别家乡亲切的明月，再次踏上又一年的赣州！天道酬勤！

（6）刚和爸妈圆月，才发现我已有13年没在家乡和父母过中秋节了，以后每年都要尽力陪他们在家乡过节。每逢佳节倍思亲，在外奋斗的童鞋们也一定多陪父母，回故乡看看。

（7）最近想家了。我打算回去，家乡不算发达，比不上大城市的繁华和喧嚣。但那里毕竟承载着我的亲人、童年和根，那里有我儿时乘凉的梧桐树，有我坐着发呆的小石桥，还有和玩伴玩弹珠的那块泥巴地。家里的亲人也都老了，想多花点时间，多看他们几眼。回去吧，繁华和喧嚣也不是我喜欢的。

（8）片片绿叶饱含着对根的情意，他乡的我载满对家乡的思绪，每逢佳节倍思亲，想你想家想亲人。送去美好的祝福，愿全家幸福生活更甜蜜！

（9）乡愁是妈妈亲手做的一碗手擀面，乡愁是父亲手中的烤全羊，乡愁是家乡一杯香甜的马奶酒，乡愁是一片绿色的草场，乡愁是成群的牛羊，乡愁是家乡的那片蓝天白云，乡愁是悠扬的蒙古族马头琴和长调，乡愁是一种内心深处的情怀！

对于身在异地的大学生来说，家乡的一切牵扯着他们的神经，看到有关家乡的节目，他们会开心；听着有关家乡的歌曲，他们会油然而生对家乡的思念之情和落叶归根的还乡之情。见下面微博：

（1）#仁和医院#看到了家乡的节目，好开心！

（2）此刻，听着家乡的歌：酒喝干，再斟满，今夜不醉不还。天堂草原——内蒙古，生我养我的地方。

（3）沙宝亮《鸿雁》他的版本太花哨，草原不该这样；但听到“心中是北方家乡”，想家了。

（4）“远离家乡 / 不甚唏嘘 / 幻化成秋夜 / 而我却像落叶归根 / 坠在你心间 / 几分忧郁 / 几分孤单 / 都心甘情愿 / 我的爱像落叶归根 / 家唯独在你身边 / 但愿陪你找回 / 所遗失的永恒……”——# 王力宏 #《落叶归根》

他们关注家乡的荣辱，担心家乡是否评上“全国卫生城市”，也竭力为家乡做宣传，他们期盼家乡能早日“脱离苦海”，为家乡能“重新站起来”而鼓劲，也痛斥家乡的不良行径。见下面微博：

（1）也不知道伟大的大诸城帝国，全国卫生城市评上了没有，在外地的家乡人很是挂念啊。

（2）做个“家乡美”的 PPT 找资料就半天了，海丰太多地方玩，太多的东西好吃了，接下来就是演讲稿了，为海丰宣传啊。

（3）七月十五，可以说还是潮汕地区习俗的大节呢！但愿神明保佑，家乡早日脱离苦海，潮汕，雄起！我们都是胶己人，我们永远在一起。重新站起来！

（4）今天心里很沉重，为什么家乡西安变成这样？？？只是一张张照片就刺痛眼睛了，十三朝历史古城怎会在钟楼下燃起罪恶的火，砸了自己人的车子、店铺，居然还大言不惭地说爱国？民族的灵魂去哪儿了？当年日本没侵略到的地方今天却被自己人践踏？求大家别用无耻毁了爱国，求 ZF 有所作为，正面引导爱国，严惩暴徒。

他们为家乡的英雄而骄傲，支持“家乡”出道的明星。见下面微博：

（1）# 致敬地震英雄谢樵 # 谢樵，福建宁德霍童人，云南公安边防总队救援队中士。他为搜寻失踪群众，不幸被落石击中沉入水中……他失踪前最后的话：

我年轻，我先来！8月8日，谢樵遗体被找到，确认遇难。英雄走好，家乡人民为你骄傲！

（2）@姜育恒的演唱会快开始了。地地道道的荣成人，这次来家乡开演唱会，真心去不了，没票啊！哎，人不去，心去加油啦！@姜育恒大哥，爱你！家乡人！

（3）她经历了七年。那一天是她七年第一次回到家乡，那一天是她的第一次歌迷见面会。“她说哪怕只有一个人在，哪怕只有一个人为她而来，她都会很开心。”但是当她摘下眼罩的瞬间，她看见满眼的绿色，却捂着嘴哭得像个小孩。

他们对家乡的关爱更体现在自己的家乡有灾难时，对家乡的持续的关注，甚至为家乡灾难而动员募捐。见下面微博：

（1）以为汶川之后，四川就不会出现大的地震，但是这次却是我们家乡遭受地震，希望大家一切安好，现在一直都在关注央视的地震新闻。

（2）2008年四川地震的时候没有微博，在QQ空间上各种刷屏；2013年四川地震，在微博上各种刷屏。2008年四川地震的时候在川内，对地震非常关注；2013年四川地震的时候在北京，对地震照样关注。时间在变，距离在变，唯一没有变的是对家乡的关心。四川雄起！不嘘！

（3）#抗洪救灾ing#大水无情潮人有情——今天下午，在华强北的潮汕同胞自发起了募捐救灾物资活动！大家为家乡受灾乡亲捐赠生活必需物资，希望能够尽自己的微薄之力去帮助家乡的乡亲们早日渡过难关。同时感谢陈店永佳快车提供车辆免费运送物资。也感谢自愿捐赠物资的潮汕人！潮人爱心接力中……

尽管在外地求学的学子不在灾区，但灾难会将他们拉回到地方共同体，因为他们是同一地方的人，况且灾区有他们同血缘的亲人，有他们的父老乡亲。他们与家人、乡亲们同属于一个“共同体”。因而他们要关注新闻，并不停地在社交化媒体上“刷屏”。而行动动员则更能体现对家乡的热爱。行动动员既包括大学生自己的行动，也包括他们对他人的动员。总的说来，这都属于他们的行动，他们用行动在证明，他们不是“当他人需要帮助时，他并没有积极地行动起来”，并为自己的“不作为”进行“辩白和自我辩护”的“旁观者”[19]，她是一个积极投入到救灾活动中的一份子。他们用自己的行动建构了自己对家乡的高度认同。

“共同体是一个‘温馨’的地方，一个温暖而又舒适的场所。它就像是一个家，在它的下面，可以遮风避雨；它又像是一个壁炉，在严寒的日子里，靠近它，可以暖和我们的手。”[20]内部成员的高度责任感驱使他们要以自己的行动为表率动员更多的人参与进来。在这个共同体中，他们相互都很了解，他们相互之间从来都不是陌生人。他们相互之间从来都不希望对方遭遇厄运，而且可以肯定的是，周围的所有其他人都会为他们祝福。在共同体中，他们能够互相依靠对方。在他们悲伤失意的时候，总会有人紧紧地握住他们的手。当他们陷于困境而且确实需要帮助的时候，帮助者并不会要求用东西作抵押；除了问他们有什么需要，并不会问何时、如何来报答他们。帮助者几乎从来不会说，帮助他人并不是他们的义务、他们的责任，只不过是互相帮助，而且，他们的权利，也只不过是希望他们需要的帮助即将到来。[21]他们就在这样的共同体中，互相帮助，互相取暖。有的大学生甚至为了家乡，毕业后不留在大城市，而是选择回家乡工作，为家乡做贡献。见下面微博：

有人问我，为什么上完学不留在大城市而要回来工作？因为家里有我的家人，有兄弟姐妹和朋友们。而且我自认为，工作不是说签了优秀的企业或者去了经济发达的地方你就厉害了。工作不过是为了过一个自己喜欢的生活，我不喜欢去贡献自己的青春建设别人的家乡，等到爹娘老死都还要赶着飞机回去，还不一定买得到票。

简言之，对于大学生来说，他们一旦漂泊他乡，故乡家园就会令他们魂牵梦萦，终生难以释怀。游子们会不断穿越时空隧道，做“故乡神游”，在异乡拥抱故乡。在游子的精神世界里，故乡升华为一种文化意象，一种他借以藉慰情感、栖息心灵的意象。对多年在外的游子来说，故乡不仅仅是一方有限的水土，它还是一片无垠的文化原野，任他们的感情纵横驰骋。

第二节　国家认同的建构

国家认同是“一个人确认自己属于哪一个国家以及这个国家究竟是怎样一个国家的心理活动”。所谓“这个国家究竟是怎样一个国家”主要是指国家的独特性，它可能是由族群或语言文化所构成的文化独特性，也可能是由社会意识形态与制度构成信条的独特性，当某种独特性被大多数国民所认同时，就构成了国家认同的关键要素。国家认同是社会成员共同的信仰、价值和行动取向的集中体现，本质上是一种集体观念，与利益联系相比，注重归属感的国家认同更加具有稳定性。国家认同不仅是个人最重要的集体认同，同时也是国家主权合法性的来源，它在很大程度上影响着人们的行为方式与准则，因此，国家认同也是社会行动的驱动力。[22]

卜正民认为，在 20 世纪，民族国家主导了各种政体和民族的组织方式和身份认同，其权威性和力量非其他的观点可比，与其他时代也很不相同。粗略地讲，民族国家是一个基本的观念，我们借以认识我们自身以及我们置身的世界。然而，近几年来全球化的爆炸性发展已引起民族国家倡导者的注意力。全球资本流通突破了国家的界限，国家边界似乎不再成其为限制。民族国家作为经济单位的特征在削弱，它作为人类认同的出发点的力量也在弱化。[23] 诚然，全球化凭借着巨大的物质和经济优越性和先进性，包裹着西方的价值观，通过多种渠道进入校园，从而影响大学生的世界观、人生观、价值观。大学生又处于一个可塑性极强的时期，他们的年龄特征、尚未成熟的文化心理决定了他们对新奇事物特别感兴趣，对于与自己所熟知的文化生活方式，大学生有一种特别想尝试和体验的心理欲望。正是在这种欲望的驱动下，大学生以各种不同的方式体验着不同的文化，以体验为目的的文化生活使他们的文化观念呈现一种开放的状态，能够容纳各种不同的文化共存，从而形成一种多元的文化认同。[24]

一、铭记历史

历史是国家认同的情感纽带，没有历史，认同就没有纽带和依据。历史是一个民族的传统，它以集体记忆的形式记录着一个民族的由来。历史用人们熟悉的语言传递着“根”的信息，在每一个同根共祖人的心中形成关联情结，进而构建为认同民族与国家的情感纽带。

历史不仅记忆着我们共同的起源，也彰显着我们共同的命运，更凝结起我们共同的价值原则和追求。忘记历史，意味着背叛。失去对共同历史的集体记忆，爱国情操、民族精神等一个民族赖以生存的财富也会自然而然地消失。

历史记忆自身的性质，使得通过对过去的有目的追忆来形塑认同成为可能。历史记忆具有塑造国家认同的指向性，它们存在于许多共同体对自身过往的叙事之中，以各种形式表现出来，其最终的目的是实现共同体对于自我存有的确认。历史承载着培养和强化民族认同感的社会功能，有助于人们思考“我们从哪里来，我们到哪里去”。在思考“我们从哪里来，我们到哪里去”的过程中，人们形成一个共同体，认同着这个历史悠久、饱经艰辛，但依然坚持并正在努力实现“中国梦”的国家。

铭记历史对于增强民族凝聚力具有重要的作用。国家没有忘记历史，如国家举行盛大的“反法西斯战争胜利 70 周年”纪念活动就是典型的表现。2015 年 9 月 3 日的大阅兵则是展现当今强大的中国。大学生也没有忘记历史，他们通过微博缅怀着历史，表达自己铭记着历史，并通过一系列纪念活动来实施自己铭记历史的行为，表达对祖国的热爱。见下面微博：

（1）今晚大学生“勿忘国耻　圆梦中华”主题演讲比赛照常举行，选手激情高昂的演讲将自己的爱国情怀表达得淋漓尽致。

（2）向抗战老兵致敬，体现了整个国家对他们的尊重和惦念，也是一次全民的爱国主义教育。这份致敬，让我们更懂得感恩与自强。全社会照顾好抗战老兵，用更生动的方式展开抗战国民教育，才能让这份致敬长久地延续下去。

（3）多少革命先烈用巨大的牺牲换来了今天的和平生活，珍爱和平，牢记历史，预祝林学院 2015 年纪念抗日战争暨反法西斯战争胜利 70 周年新生文艺晚会取得圆满成功!

(4) # 反法西斯战争胜利 70 周年 # 跟大队辅导员干活进班时，少先队员们齐刷刷地敬队礼，辅导员也不厌其烦地纠正着错误的手势，看得心里满是感动。爱国是一种品质，也应该是一种习惯。纵使祖国存在着再多不足，吐槽归吐槽，骂归骂，但是不能否认的是，我爱她。

大学生通过“主题演讲比赛”“新生文艺晚会”来纪念“反法西斯战争胜利70 周年”，通过活动表达自己没忘国耻，对革命先烈的缅怀、对抗战老兵的致敬，对和平的珍惜，对大学新生的爱国教育，对少先队员爱国习惯的培养。

此外，大学生还通过叙述“五四青年节”的来历，来弘扬“爱国、进步、民主、科学”的“五四精神”；通过讲述“一二・九”运动的由来，表达“对祖国的热爱、对外来侵略的勇敢抵抗、对尊严的骄傲捍卫”。对“九一八”的回顾是为了“居安思危，砥砺前行”，是为了彰显“民族应有的品格”。通过“在异乡”“凌晨两点看阅兵直播”，表达自己的爱国心声。见下面微博:

(1) 五四青年节，是为纪念 1919 年 5 月 4 日爆发的五四运动而设立的。它来源于中国 1919 年反帝爱国的“五四运动”。1949 年 12 月，中国中央人民政府政务院正式宣布 5 月 4 日为中国青年节。“五四”精神的核心内容为“爱国、进步、民主、科学”。

(2) #365 学生会密码 #【学生会与“一二・九”运动】“一二・九”运动就是在燕京与清华大学学生会的倡导下，由北京各高校参与的爱国请愿活动。此后每年 12 月 9 日清华都会举行合唱等活动来纪念“一二・九”。

(3) # 铭记历史 #“一二・九”运动，乃至历史上每一个运动、每一次爱国演讲、每一场战役、每一滴热血……都是一样的值得瞻仰，因为它们折射出的都是我们中华儿女对祖国的热爱、对外来侵略的勇敢抵抗、对尊严的骄傲捍卫。缅怀革命先烈，传递爱国热情!

（4）#9·18# 历史，不该遗忘。警报是铭记国耻，而铭记不仅仅是回味伤痛；牢记历史，就要居安思危，砥砺前行！历史，不容篡改。日本侵华是铁的事实，正如钓鱼岛是中国领土无可争辩；正视历史，是一个民族应有的品格。

（5）9·18，勿忘国耻！1931 年 9 月 18 日，日本在中国东北爆发了军事冲突和政治事件。“九一八”事变是日本变中国为其殖民地的开始，此后东北三省被日本帝国主义蹂躏、奴役达 14 年之久；也是中国各阶层人民在民族危机的刺激下，掀起空前规模的抗日救国高潮的开始。

过去是历史，而当今和未来则是正在发生和即将发生的历史，历史记忆不仅是一种面向过去的向前的回忆，它更是一种朝向现在、指向未来的表述。人的认识存在于一个过去、现在、未来相互交织的网络之中。大学生除了铭记过去伤痛的历史，他们也记载了当今正在发生的历史，如“嫦娥三号飞天”，以及对未来的期盼，如“中国梦”。“嫦娥三号飞天”令他们“激动”，而“中国梦”则是他们的人生信念和共同理想。见下面微博：

（1）已经好久没有那么激动过了，“嫦娥三号”落月的 720 秒，小心脏承受着压力，屏住呼吸在最后稳稳落月的那一刻，释放出来，欢呼雀跃、激动人心，十年探月路，托举中国梦！今天值得所有人铭记！

（2）中国梦顺应了历史发展大势、顺应了时代进步潮流、顺应了人民过上美好生活的热切期待，是全国各族人民的共同理想，也是青年一代应该牢固树立的远大理想。中国特色社会主义是历史的选择、人民的选择，是实现中国梦的康庄大道、必由之路，也是广大青年应该牢固确立的人生信念。

（3）# 中国梦梦想花开 # 黄皮肤，黑眼睛，亘古血脉已注定：神州大地上，华夏儿女，每个人的梦境，汇聚成同一个安详宁静、群星璀璨的长空；九州江山里，中华儿女，每个人的梦想，凝聚成同一个河清海晏、龙凤呈祥的图腾。

历史事件具有形成认同的文化的力量，危机造就了历史，历史造就了认同。大学生将历史事件现在化，过去的重负使得大学生的认同担负起对过去的过程的责任。过去汇入到未来的投影中，这一投影也包括大学生按照自我评价的准则想成为怎样的人。他们利用过去，来表达、实现、确认自己群体的文化产物和在群体中有效的和能使群体的成员形成认同的归属性。他们能让自己明白，他们的共同特征是“黄皮肤，黑眼睛”，“华夏的血脉”构成了他们的特征。

大学生们通过强调“我们”共同的历史记忆，能唤起这是“我们的历史”的历史意识。也就是在这样一种“历史记忆”和“历史意识”的相互塑造中，大学生才会形成“历史认同”，而只有在历史认同的基础上，大学生们才会有国家认同。

二、理性爱国

爱国主义是指个人或集体对自身所属国家的一种积极认同的态度和行为，《辞海》把爱国主义解释为“对祖国的忠诚和热爱”。爱国主义体现了一个人对祖国的深厚感情，反映了个人对祖国的依存关系，是对国家的归属感、认同感、尊严感、荣誉感的统一，也是民族精神的核心。爱国主义既包括对祖国历史、传统、文化的珍视，也包括对国家主权、领土、安全的维护，既有对国家兴旺发展美好明天的憧憬，也有对现实问题尖锐矛盾的忧虑，既有对国家政通人和、百废俱兴的欢欣鼓舞，也有对国家腐朽黑暗、积重难返的痛心疾首。

大部分大学生并没有成为现代化的奴役，也没有被全盘西化，他们会反思传统与现代、中西文化的优劣，理性辩证地看待多重文化，其文化认同呈现一种包容、开放与多元化的姿态。

大学生在微博中常常以“呼吁”的口气强调理性爱国，如下面微博：

（1）爱国、进步、民主、科学之外，还需要理性。

（2）新时代的青年应当以理性的态度表达爱国情怀！此时的国家更需要团结而充满智慧的青年，更需要让世界看到中国人的理智和勇气！兼大爱，非莽攻。

（3）爱国是一种美好的情操，但不能脱离法制轨道。政府部门提醒大家，应依法、理性地表达爱国热情，理性爱国、文明爱国、守法爱国！请市民积极配合警方执法，共同维护良好的社会秩序。谢谢大家！

大学生的理性体现在他们对抵制日货的看法上，他们认为抵制日货并不表明就是爱国。日本是中国重要的经济伙伴，在经济全球化的今天，相互合作表现得越发突出，用了日货不等于不爱国，况且也有很多中国人在日本的在华企业工作。他们认为，爱国要分清好坏，日本对中国的所有伤害都是日本军国主义者和日本右翼势力所造成的，而不是全部日本人民。对于想要遏制中国的不友好的右翼分子当然要奋起抗争，但要分清人民与政治的关系。“国耻之日”虽不能忘，但爱国要爱之有法，要爱在心里，不能成为“愤青”，通过非理性地打砸烧坏日货来泄愤。如此这般，则是“变相的卖国”。见下面微博：

（1）1931 年，沈阳城破。九月十八，国之耻日。前事不忘，后事之师。吾等后辈，定当奋发。理性爱国，善莫大焉。

（2）请国人理性爱国。尤其某些国人，请停止所谓的英雄行为。去砸同胞们以前买回来日货有用吗？本人也不想见到社会有借爱国之名趁机“打砸抢”的“英雄”。请“英雄”们理性爱国！多谢合作！

（3）2012.9.18，理智爱国。不希望有人借爱国之名“打砸抢”。

（4）不能理性地爱国，其实是变相卖国。九一八，中国人民在理性中力量地度过。

（5）“#请理性爱国#对日本侵犯我国主权行为，我们坚决反对；对损害同胞财产与感情行为，我们也绝不容许！今天，我们用理性宣示力量：我们愤怒，但不失去理智；我们呐喊，但不传播谣言；我们热血，但不盲从暴力！今天，从你我开始，用理性宣示力量。”

这些话更是充斥于大学生微博空间，可见被许多大学生认同，表达了他们理性爱国的心声。

大学生的理性爱国还体现在用辩证的态度来爱国，诚如下面微博所言，中国不是很好，中国也不是非常坏，所以既不要对之“粉饰掩盖”，也不要对其“造谣歪曲”。

“打开电脑，中国没有那么好；走出国门，中国也没有那么差。很多赞美者如果爱这个国家，那么请不要粉饰掩盖；很多批评者如果爱这个国家，那么请不要造谣歪曲。我们还在学习怎样爱这个国家，但至少爱国不是耻辱，我们的祖国情怀也不止五毛和五美分。”

以上表明，大学生的理性爱国是建立在一种辩证理性分析的基础上，不是盲目跟风，也不是情绪极端的民粹主义，可以避免冲突与战争，有助于促进社会的和谐，国际和平的发展。爱国需要这样的理性精神。

三、捍卫国家主权

国家主权是国家最重要的属性，是国家在国际法上所固有的独立处理对内对外事务的权力，是国家最主要最基本的权利。大学生对国家主权非常重视，是极力捍卫国家主权的，这从他们对 2012 年爆发的“钓鱼岛事件”的关注和看法上可以看出。

钓鱼岛及其附属岛屿自古以来就是中国的固有领土，中国对此拥有充分的历史和法律依据。但是，日本无视历史，声称日本人古贺辰四郎在明治十七年（1884）发现该岛。由此引发争端。钓鱼岛争端也就一直成为了中日两国关系的争议焦点。2012 年 9 月 10 日，日本政府宣布“购买”钓鱼岛及其附属的南小岛和北小岛，实施所谓“国有化”，钓鱼岛再起争端。中国政府在维护领土主权问题上立场坚定不移，9 月 11 日中国人民对外友好协会、中日友好协会就钓鱼岛问题发表声明，表示了强烈愤慨和反对，明确“国有化”是对我国神圣领土的悍然侵犯，严重损坏了两国关系，严重伤害了 13 亿中国人民的感情，给两国关系以及两国人民友好感情造成了恶劣影响。钓鱼岛及其附属岛屿自古以来就是中国的固有领土。日本政府罔顾历史事实和国际法理，实施所谓“国有化”，是完全非法的、无效的，是全体中国人民完全不能接受的。日方这种掩耳盗铃的做法，丝毫不能改变我国对钓鱼岛及其附属岛屿的主权。除了政府发表声明外，国人也进行了抗议。中国各地 16 日再次发生抗议日本政府将钓鱼岛国有化的反日游行。北京、上海、广州、深圳等 85 个城市举行了抗议活动。

2012年9月13日，中国常驻联合国代表李保东大使约见联合国秘书长潘基文，提交了中国钓鱼岛及其附属岛屿领海基点基线坐标表和海图，完成了公布钓鱼岛及其附属岛屿领海基点基线的所有法律手续。9月14日6时许，由中国海监50船、15船、26船、27船和中国海监51船、66船组成的两个维权巡航编队，抵达钓鱼岛海域开展维权巡航执法，这是我国政府宣布《中华人民共和国政府关于钓鱼岛及其附属岛屿领海基线的声明》后，中国海监首次在钓鱼岛及其附属岛屿海域开展的维权巡航执法，通过维权巡航执法行动，体现我国政府对钓鱼岛及其附属岛屿的管辖，维护我国的海洋权益。12月13日上午10时许，中国海监B-3837飞机抵达中国钓鱼岛领空，与正在中国钓鱼岛领海内巡航的中国海监50船、46船、66船、137船编队会合，对中国钓鱼岛开展海空立体巡航。其间，中国海监编队对日方进行了维权喊话，严正声明中国政府立场，要求日方船只立即离开中国领海……

关于钓鱼岛的问题，许多大学生在微博中也表达了自己的心声，他们关注着事态的发展，也发表了自己的意见和看法。当2012年7月，“雅虎日本”网站发起“东京都决定购买钓鱼岛”的投票时，就有大学生进去投了反对票，不管结果如何，都体现了该大学生维护国家主权的思想，反对日本将钓鱼岛“国有化”。也有大学生认为，日方这样做是“不道德的”，“钓鱼岛是中国的”，“钓鱼岛是我们中国的”。“钓鱼岛”是中国的，表明“钓鱼岛”归中国所有，“钓鱼岛是我们中国的”，加了“我们”之后，更能突出“我们自己”与“钓鱼岛”的关系。“钓鱼岛是中国的”，而我们又是中国人，所以“钓鱼岛”也与“自己”息息相关。那么日本侵犯中国主权，也是在侵犯“我们自己”的主权。见下面微博：

（1）日本人在“雅虎日本”网站发起了一个“东京都决定购买钓鱼岛”的投票，我们可以用“一人一票”的方式向日本人说不！13多亿中国人总不至于投不过一亿多日本人吧？！（网页链接）直接链接点进去，投反对就好。

（2）#钓鱼岛是中国的#今日，外交部对日方购买钓鱼岛并将其“国有化”表示了强烈的抗议和谴责。中方强烈指责日方的这种做法，现在正是中日建交的发展时期，日方这样做是不道德的，中方坚决维护领土主权的完整。谢谢。#已经听习惯的一些话#

（3）钓鱼岛是中国的！钓鱼岛法理属于中国，毋庸置疑。日本践踏国际法，违背国际义务，公然把钓鱼岛“国有化”，侵犯中国领土主权。保卫钓鱼岛是全球华人的神圣职责，是中华民族面对侵略不屈服精神体现。

（4）钓鱼岛不是你的，我的，他的。而是我们的。是我们中国的。

（5）钓鱼岛属于中国！

（6）凝聚爱国力量，坚决捍卫主权，让世界听到中国的声音：“钓鱼岛是中国的！”

有的大学生则将看过的有关“钓鱼岛”动态的新闻发布于微博中，关注着事态的发展，如“中国海监钓鱼岛海域取证日船侵权　日方抗议”“4 艘中国公务船驶入钓鱼岛毗连区”“安倍晋三：中日岛屿争议‘没有谈判余地’”“俄媒：中日若陷入武装冲突将引发‘世界末日’”“美学者：美国站在日本一边震慑中国系误判形势”“海监船在钓鱼岛领海停留 13 小时　安倍急召防卫相”“日媒称中国军机频繁接近钓鱼岛　日政府隐瞒实情”“视频：中国渔政 206 船在我国钓鱼岛毗连区海域护渔巡航 [东方午新闻]”等。见下面微博：

（1）视频：日媒称我 4 艘海监船与 2 艘渔政船现钓水域 该怎么说呢？我只能说我无语了！再加一句的话，就是，钓鱼岛是中国的！！！

（2）【中国海监钓鱼岛海域取证日船侵权 日方抗议】12 月 8 日讯，据中国海洋局网站消息，正在钓鱼岛及其附属岛屿毗连区巡航的中国海监 137 船、46 船、49 船、66 船编队对日方船只的侵权活动进行了取证。日本外务省表示“抗议”。

（3）中国海监飞机抵钓鱼岛领空展开海空立体巡航。（网页链接）

（4）【4 艘中国公务船驶入钓鱼岛毗连区】共同社报道，中国“海监 50”、“海监 110”“海监 111”和“渔政 206”今日驶入钓鱼岛附近毗连区，这是中国公务船连续 7 天在毗连区航行。日方巡逻船通过无线电警告中方不要接近“日本领海”，

“海监50”回应称，日方船只正在中国管辖海域航行，已违反中国法律。

（5）【安倍晋三：中日岛屿争议“没有谈判余地”】12月17日讯，即将就任日本首相的安倍晋三周一表示，在领土问题上不会向中国妥协，称“尖阁诸岛是日本固有领土，日本依据国际法占有且控制该群岛。在这一点上没有谈判余地。”自民党表示将“研究”在钓鱼岛修建港口或派驻官员的方案，以加强日本对其控制。

（6）【俄媒：中日若陷入武装冲突将引发“世界末日”】11月29日讯，“俄罗斯之声”电台称，钓鱼岛问题上，中日都受到本国公众舆论的巨大压力，即使没有民族主义倾向，也至少具有极端情绪。更有俄方学者声称，若两国发生武装冲突，那就意味着“世界末日”到来。现有的国际关系模式将被终结。

（7）【美学者：美国站在日本一边震慑中国系误判形势】1月9日讯，日美已就共同应对中国船只及飞机进入钓鱼岛问题达成一致。美国学者对此发表看法称，美国在钓鱼岛问题上站在日本一边，希望以此震慑中国。这是错误地判断了形势。他说：美国的所作所为升级了这场危机，而不是解除危机。

（8）【海监船在钓鱼岛领海停留13小时　安倍急召防卫相】1月7日，4艘中国海监船进入钓鱼岛领海内进行了13小时的巡航，对此日本首相安倍晋三8日将防卫相小野寺五典召至官邸，要求加强对岛屿的警戒监视活动。日本政府还表示“强烈抗议”。中方当天回应称，不接受日方所提抗议和交涉。

（9）【日媒称中国军机频繁接近钓鱼岛　日政府隐瞒实情】1月9日讯，据《联合早报》消息，日本媒体称，日本政府隐瞒中国军机频繁突破日本“防空识别区”接近钓鱼岛空域。一名日本防卫省干部称，中国空军的“Y8”情报收集机和警戒飞机多次飞入钓鱼岛空域。此前，日本防卫省没有公布中国军机消息。

（10）January 25，2013——中国台湾保钓船“全家福”号在台湾海巡署船只护送下前往钓鱼岛海域展开保钓活动，遭到日本海上保安厅巡逻船只警告，并被其喷射水枪。在僵持两个多小时后，“全家福”号被迫驶离钓鱼岛附近海域。

（11）我国第一艘新型导弹护卫舰蚌埠舰入列，巡航钓鱼岛。

（12）【视频：中国渔政206船在我国钓鱼岛毗连区海域护渔巡航[东方午新闻]】

有的大学生则认为，“日本挑衅钓鱼岛”，可能是欺负中国人善良好说话，也可能是因为中国人太健忘，忘记了历史。为了避免忘记，就建议大家看崔永元口述历史纪录片作品《我的抗战Ⅱ》，并认为“日本窃取钓鱼岛”始自甲午战争之后的1895年，钓鱼岛之争一直存在，钓鱼岛属于中国，毋庸置疑。

（1）日本挑衅钓鱼岛，是欺负中国人善良好说话吗？还是因为中国人太健忘，伤害了中国人也不要紧？或者是我们轻言宽容原谅，我们根本就没有能力去宽容谁？了解中日之间发生的真实历史，让真实的历史发声，建议去看崔永元口述历史纪录片作品《我的抗战Ⅱ》。

（2）【119年前的今天，#日本窃取钓鱼岛#】1894年，中日甲午战争，中国战败。1895年1月14日，日本明治政府秘密决定将钓鱼岛“纳入日本领土”。1月21日，日本内阁再次讨论，决定强行占领钓鱼岛。钓鱼岛自古以来就是中国固有领土，日本所谓“占领”，实为窃取！历史不容遗忘，钓鱼岛，中国的，转起！

四、以“母亲”意象载爱国情怀

以母亲作喻体，并不是大学生的首创，是国人早已具有的习惯，据杨慧、王向峰考辨，华侨（海外游子）一直是叫响“祖国”的主体[25]，海外游子表达对祖国的思念，往往以母亲为喻。一首脍炙人口的《乡愁》，让无数中国人记住了余光中的名字，他的乡愁是对包括地理、历史和文化在内的整个中国的眷恋，他也因之而成为“怀国与乡愁的”代表诗人。后来，“祖国母亲”普遍开来，成为一种集体无意识，深植于人的内心，而在感情浓烈时会自然而然地喷薄而出。

每当“国庆”“大阅兵”这样的集体文化仪式之日，大学生会通过电视、网络来观看节日庆典活动以及阅兵式，事后在微博中抒写观后感和评论，发出“祖国母亲”“祖国啊，母亲”“母亲”“祖国妈妈”的呼唤，此乃其爱国激情爆发的结果。大学生们主要通过回顾祖国“母亲”走过的苦难历程，突显“母亲”排除万难，收获卓效的不易；“母亲”在多灾多难中并没有倒下，反而使各族人民更团结、更坚强，而“母亲”的步伐也迈得更坚毅、更稳健，以此来抒发他们对祖国的崇敬与爱戴之情。正是因为“母亲”历尽艰辛为“儿女们”创造了“风和日丽”、“祥和”、“富裕”的好环境，“儿女们”怎能不爱这样的“母亲”呢？于是，作为“儿女们”的一员，作者对“祖国母亲”的认同感就建立起来了。

为什么人们总是把祖国比作母亲？因为中国人善形象思维，爱想象，喜欢将遥远的、抽象的、形而上的东西通过比喻转换成身边熟悉的、具体的、形而下的东西，因为只有这样，其感情才有可投射的对象，才有了落脚点。“比兴”“拟人”“托物咏怀”“物我同一”等表现手法均是此形象思维的体现。对于国人来说，“祖国”一词过于抽象，没有对象感，于是要找一个非常具体的意象来表达自己深厚的感情，“母亲”这个意象无疑是最好的选择。无论什么其他意象，都表达不出人们对祖国的深厚感情，而只有这个意象才能表达人们对祖国最忠诚、最纯洁、最真挚、最深厚、最伟大的感情。因为“母亲”能给人以勤劳、任劳任怨、慈爱、细心、体贴的感觉，况且她是“我们自己”的，而“我们”也是属于“她”的，这样一种不可分割的关系能激发起自己心中最强烈的情感，也成为“我们”爱“她”的理由。俗话说：“儿不嫌母丑”，无论母亲美还是丑，儿女都会深爱她，因为她养育了我们，给了我们伟大的母爱，我们感激她、需要她。祖国—母亲，母亲—祖国，就是这样紧密相连，连成了一体，形成了一种“家国同构”的情感。“家”是血缘性群体，而“国”是政治共同体，从字面上来理解，家就是居处，国则是“安”居之“处”。既然国是“安”居之“处”，那么，国便是家的“保护伞”。没有国，家就无所依存；无国，家便无处能安了[26]。当祖国贫穷的时候，她的人民就挨饿受冻；当祖国弱小的时候，她的人民就受辱被欺；当祖国富裕的时候，她的人民就快乐幸福；当祖国强大的时候，她的人民就昂首挺胸！正是这种与祖国休戚与共、连为一体的感觉才使得人们自发地产生了爱国的感情。如果把祖国当作自己的母亲，那么爱国就具有了坚实的感情根基和无可置疑的正当性。本尼迪克特•安德森主张将民族界定为：“它是一种想象的政治共同体——并且，它是被想象为本质上有限的（limited），同时也享有主权的共同体。”[27]这个定义直指集体认同的“认知”（cognitive）面向，表明“想象”是形成任何群体认同所不可或缺的认知过程（cognitive process）[28]。安德森认为，人们通过文学阅读等不同的渠道把原本分散的、互不相关的群体想象成血肉相连的共同体。基于此，在功能主义的意义上，“母亲”是营造中国民族国家“想象”的必需品，各族人民通过把祖国“想象”成为“母亲”这个最普通、最熟悉的意象而融合、团结、统一成为一个共同体。“母亲”与祖国结成了牢不可破的隐喻关系。

我们不能简单地凭大学生流行过洋节就断定大学生不爱国了，也不能苛求大学生像过去一样纯净地固守传统的文化而闭关自守、夜郎自大。毕竟全球化的趋势不可逆转，并已成为一种时代潮流。吉登斯曾说过，在过去，个人的自我认同是由他们出生的社区环境塑造的，该社区主要的价值、生活方式和道德规范提供了相对固定的标准，人们据此而生活。然而，在全球化条件下，我们面临着向一种新个人主义的转向，人们开始积极地塑造自己，构造自己的认同。传统的认同框架正在瓦解，新的模式正在出现。全球化迫使人们以一种更为开放、反思性的方式生活。这意味着我们必须不断根据周围环境的变化而不断作出反应和调整。作为个人，我们随着所处的大环境的发展而发展，并且在这一环境中发展。甚至我们在日常生活中做出的很小的决策——穿什么、如何打发空闲时间、如何爱护自己和照顾自己——都是创造和再创造我们的自我认同的发展过程的一部分。[29] 处于成长期的大学生自我意识已迅速提高，自我决策、自我发展的愿望强烈，他们希望用自己的观察和理解分析解决问题。

大学生喜新奇、好体验的心理决定了他们平时对多种文化的尝试与体验，同时也制造了崇洋媚外、不爱国的表象，给世人造成了不好的印象。但综观大学生微博可知，大学生并不是不认同自己的祖国，相反，每到关键时刻他们对国家的认同还表现得非常突出。

本章小结

当今文化呈现出多元化的趋势，大学生身陷传统与现代、本土与全球化的多重文化中，不可避免地会打上多重文化的烙印，其文化认同也呈现出多元化的特点。我们不可因大学生受西方文化的影响就得出大学生已丢弃传统、全盘西化、不爱祖国的简单结论。事实上，绝大部分大学生并没有完全抛弃传统，有的甚至还从传统文化中寻找自己诗意的精神家园，以传统文化的优良品质来弥补现代化过程中所产生的不足。虽然他们也认同西方的文化，但他们也认同自己的国家，只不过在平时难以突显，而在关键时刻则表现得非常强烈。

在现代化的冲击下，大学生并没忘记象征着传统的家乡，仍对家乡有着高度的认同；在全球化的冲击下，大学生也并没抛弃自己的祖国，其对祖国也存在着认同。这说明，他们对文化的认同是传统与现代并存、本土与全球共在的开放的多元化认同。诚如贝鲁特圣约瑟夫大学校长萨利姆·阿布博士所说："文化认同性乃是同一与他者的活的辩证法；按照这一辩证法，同一本身就是对他者的开放。这一悖论的基础在于意识的主体结构：自我意识。黑格尔写道，乃是'对于自我意识的意识'。换言之，个体意识所固有的同一与他者的辩证法不仅尽力要从其他个体回到自身，而且要从他文化回到自己的文化，最终从一个属于人类的绝对视界，亦即始终呈现给意识的视界，回到自身。"[30] 我们应该善待他者，而不宜把他者全部看成"被贬损的对象"。

注释：

[1] [英]泰勒．原始文化[M]．蔡江浓．杭州：浙江人民出版社，1988:1.

[2] [美]克利福德·格尔茨．文化的解释[M]．韩莉．南京：译林出版社，1999:5-16.

[3] 林明．文化认同与社会和谐[J]．南京社会科学，2008(2):116.

[4] 转引自刘杏玲，吴满意．区域一体化过程中的文化认同研究综述[J]．电子科技大学学报，2008(1):69.

[5] 崔新建．文化认同及其根源[J]．北京师范大学学报，2004(4):103-104.

[6] 张旭鹏．文化认同理论与欧洲一体化[J]．欧洲研究，2004(4):68.

[7] 张首先，马丽．文化符号视域下青年大学生的民族文化认同危机[J]．天府新论，2007(6).

[8] [英] 齐格蒙特·鲍曼. 共同体：在一个不确定的世界中寻找安全 [M]. 欧阳景根. 南京：江苏人民出版社，2003: 序 1.

[9] [英] 齐格蒙特·鲍曼. 共同体：在一个不确定的世界中寻找安全 [M]. 欧阳景根. 南京：江苏人民出版社，2003:7.

[10] 刘国平，杨春风. 当代经济社会发展视界中的东北地域文化 [J]. 社会科学战线，2003(5):142.

[11] 李慕寒，沈守兵. 试论中国地域文化的地理特征 [J]. 人文地理，1996(1):7.

[12] 杨守国. 陕西电视剧创作和地域文化之间的关系 [J]. 电影评介，2009(7):15.

[13] 刘国平，杨春风. 当代经济社会发展视界中的东北地域文化 [J]. 社会科学战线，2003(5):142.

[14] 之所以用“漂泊”，是因为大学生求学所在地并不是他们安居的地方，有的学生读本科、读硕士研究生、读博士研究生可能均不在一个城市，而工作可能又会换地方，只有在工作落实后才算相对安定，而有的甚至还会因换工作而再换城市，他们从一个城市到另一个城市，游走于各城市之间。这一过程让他们深感不稳定。

[15] [美]P·L·范·登·伯格. 民族烹饪——实际上的文化 [J]. 民族译丛，1988(3):30.

[16] 轩红芹. “向城求生”的现代化诉求——90 年代以来新乡土叙事的一种考察 [J]. 文学评论，2006(2):161.

[17] 饶子，费勇. 本土以外——论边缘的现代汉语文学 [M]. 中国社会科学出版社，1998:25.

[18] 转引自杜霞. 人在边缘：异域写作中的文化认同 [J]. 华文文学，2005(2):72.

[19] 心理学家佩特卢斯卡·克拉克森给“旁观者”下了一个直接的、常识性的定义：“所谓旁观者就是这样的一个人：当他人需要帮助时，他并没有积极地行动起来。”齐格蒙特·鲍曼认为，在信息高速公路的时代，“关于他人痛苦的信息几乎顷刻间就会传遍世界各地”，这种现象会产生两种后果：其一，“旁观”不再是发生在少数人身上的反常的困境。其二，我们都面临着辩白和自我辩护的需要（即使我们感觉不到）。[英] 齐格蒙特·鲍曼. 被围困的社会 [M]. 郇建立. 南京：江苏人民出版社，2006:194-195.

[20]　[英] 齐格蒙特・鲍曼. 共同体：在一个不确定的世界中寻找安全 [M]. 欧阳景根. 南京：江苏人民出版社，2003: 序 2.

[21]　[英] 齐格蒙特・鲍曼. 共同体：在一个不确定的世界中寻找安全 [M]. 欧阳景根. 南京：江苏人民出版社，2003: 序 2-3.

[22]　樊红敏. 国家认同建构中的文化认同与民族认同——汶川地震后的启示 [J]. 郑州航空工业管理学院学报，2008(5):71.

[23]　[加] 卜正民，施恩德. 民族的构建——亚洲精英及其民族身份认同 [M]. 陈城. 长春：吉林出版集团有限责任公司，2008:1-2.

[24]　周阳，黄向阳. 大学生多元文化认同的成因与对策研究 [J]. 传承，2008(7).

[25]　杨慧，王向峰. 中华民族共有的最高诗情——“祖国母亲”考辨 [J]. 社会科学辑刊，2007(1):224.

[26]　胡键. 没有强大的祖国，哪有幸福的家 ?[J]. 社会观察，2009(5)：卷首语 .

[27]　[美] 本尼迪克特・安德森. 想象的共同体：民族主义的起源与散布 [M]. 上海：上海人民出版社，2005:6.

[28]　吴叡人. 认同的重量：《想象的共同体》导读 [A]. 见：[美] 本尼迪克特・安德森. 想象的共同体：民族主义的起源与散布 [M]. 吴叡人. 上海：上海人民出版社，2005:8.

[29]　[英] 安东尼・吉登斯. 社会学 [M]. 赵旭东等. 北京：北京大学出版社，2003:56.

[30]　[黎] 萨利姆・阿布. 文化认同性的变形 [A]. 见：《第欧根尼》中文精选版编辑委员会. 文化认同性的变形 [C]. 北京：商务印书馆，2008:20.

结　语

微博是新传播技术发展的产物，是“web1.0”升级为“web2.0”的结果。大学生喜新奇、好体验的特性决定了他们会尝试这种新媒体，而微博又恰好能满足大学生追求时尚和休闲、排遣孤独、倾诉与发泄、相互交流、实现自我价值的需要，于是大学生写博成为一种热潮，大学生也成为写博的典型性群体，这与大学生为网络使用的主要群体刚好一致。

大学生正值青春期，这个阶段正是被美国心理学家埃里克森称为最容易产生自我认同危机的阶段，这决定大学生在青春期要解决的核心任务是建立自我认同感，排除自我迷惘，这就需要充分的自我反思、自我表达以及社会交往，在反思、表达与交往中建立起自我认同。泰勒（Taylor）、吉登斯（Giddens）、科特（Cote）均认为，我们已经改变了我们发觉自我、呈现自我和再现自我的方式，自我认同已经由外向内、由被动向主动转型。而微博的出现恰好为需要主动建构自我的大学生提供了自我反思、自我表达、自我建构的平台。微博的个人性方便了大学生进行自我反思与自我表达，而其公共性又有助于大学生与他人进行交往，它比人际传播、传统日记本、E-mail、BBS、QQ、个人主页等更有助于大学生建构自我认同，即有助于大学生在自我反思、自我表达、与他人交往中确定我是谁。大学生在微博中的自我反思、自我表达有助于大学生认识自我，理解自我，能将“过去”的、“未来”的，都在“我”所面临的“现在”统一起来，而其产生的特殊效果，也就是“我”作为个人所最终觅得的“身份”。而大学生在微博中与他人的交往

则有助于大学生在他人的“镜子中”观照出自我。

微博既是大学生自我认同建构的平台，毫无疑问，它留下了大学生自我认同建构的痕迹，展示了大学生的心路历程，而其心路历程不可避免地会打上社会和文化的烙印。因而笔者主要以众多大学生个人微博为文本，在观察的基础上，着重从心理层面、社会层面和文化层面来考察大学生如何主动地建构自我认同，即自我的建构、角色的确认、文化的皈依。

关于网络中自我建构的问题，早期大多数研究均关注纯粹匿名环境中网络身份的建构，容易得出网络使用者建构的是与现实自我不同的这种单一自我的结论。然而，微博也是网络样式的一种，但它却是实名制下的个人平台，通过它所建构的自我就绝不是一种自我，经观察得知，大学生在微博中建构的自我是本我、现实我、理想我三者兼而有之，即使是纯匿名的微博，也能建构现实我，虚拟另一身份建构理想我的同时也能建构现实我。只不过匿名微博更有助于建构本我，实名微博更有助于建构现实我，而微博便于印象管理的特性，又使之能建构理想我。他们通过自我揭露来体会“本我”的快乐，通过自我叙事来再现现实生活中的“镜中我”，通过印象管理来获得“理想我”所带来的自我价值的实现和自尊感的满足。

角色是在社会中形成的，没有社会就没有角色的产生。“大学生”理所当然是大学生要扮演的一个重要角色。因大学生活与高中生活的巨大反差，大学生容易迷失自我；因高校扩招以及就业分配制度的改革，大学生身份由“天之骄子”转变为“普通劳动者”，这使得大学生容易产生对身份的焦虑，因而大学生定位实有必要。大学生往往倾向于以兴趣、能力来定位，以社会角色期待来定位，从而明确自己前进的方向和目标。从阶层上来看，“小资”的含义经过历史的演变，已淡化其经济、政治的阶级色彩，成为一种生活方式、一种生活情调与生活品位。大学生在客观上虽还不属小资阶层，但他们却在主观上认同自己为“小资”，他们通过所流露出的“情调”及“品位”建构起自己的“小资”阶层认同，从而获得一种向上流动的地位荣誉感。

人是文化的人，社会是文化的社会。当前的中国正处于从传统社会向现代社会的转型时期，也跨入了全球化时代。大学生在传统与现代、本土与全球的多重文化影响下，其文化和价值观念也发生相应变化，其文化认同也呈现多元化的特征。

我们不可简单地以大学生受现代文化、西方文化的影响就得出大学生抛弃传统、全盘西化、不爱祖国的简单结论。大学生在现代化的冲击下并没忘记象征着传统的家乡，仍对家乡有着高度的认同；大学生在全球化的冲击下也并没抛弃自己的祖国，其对祖国也存在着认同，并从中获得一种强烈的归属感。这说明，他们对文化的认同是传统与现代并存、本土与全球共在的开放的多元化认同。

总之，在最容易发生自我认同危机的阶段，在自我认同由外向内、由被动向主动转型的情况下，迅速崛起的微博恰好为大学生反思自我、表达自我、建构自我提供了平台。它融合了过去网络中单一的、片断化的自我，使之成为全面完整系统的自我。大学生将外部世界整合进自我的叙述中，是主动地在建构，而不是被动地选择，这是贯串全文的主线，这条主线也突显了笔者的观点：传播技术固然能对人产生深刻的影响，但我们不可忽视人的主观能动性，确切地说，没有人对技术的使用，技术也是形同虚设。这决定了笔者与一般技术决定论者的不同，笔者立于人文主义的视角对大学生的心理、生存状态予以观照，并对其运用微博来建构自我认同的主观能动性予以了充分肯定。

另外值得一提的是，笔者在精读大学生微博的过程中发现了大学生微博所折射出来的丝丝“反光”：父母因工作的忙碌而缺少对孩子的关爱，缺少与孩子的交流与沟通，导致孩子从小就养成孤独封闭的个性；同学之间关系的淡漠、信任的缺失，导致大学生在微博中寻找可以向之倾诉的朋友；教师的教学方法不当、用语随意而庸俗、考试出题不合理，导致学生对老师的不满，并将这种不满发泄于微博中；高校扩招、就业分配制度的改革给大学生带来很大的就业压力。这些现实的“反光”除了大学生自己要深思外，还需引起我们为人父母者、学校、社会的重视，并要反思我们的培养、教育方式，为自己的子女、学生提供良好的育人环境，使其身心能得到健康的发展。

附录一

微博空间中“理想自我”的建构*

杨桃莲

（东华大学　人文学院　上海　200051）

[摘要] 现实生活中，人们的现实自我与理想自我、应该自我之间有差异是一种常见而重要的现象。早期研究者发现，因为自我差异长期存在，难以消除，人会产生各种各样的不良情绪。他们过于注重自我差异的消极效应，而忽略了自我差异的积极效应。网络的崛起，引发一些研究者开始研究网络情境中的自我情况，他们认为，人在网络中更易进行理想化的自我陈述。在此基础上，本文考察了当今网民热用的新媒体——微博，分析其使用者如何积极主动地建构自己的“理想自我”，研究发现，微博主主要通过以下三种方式来建构理想我：通过印象管理策略来美化自我，将“理想我”投射于他人，虚拟想要成为的另一身份。

[关键词] 微博；微博主；理想自我；建构

* 本文发表于《新闻大学》，2013 年第 4 期。系国家社科青年基金项目“微博主的社会认同建构研究”（12CXW045）、教育部青年基金项目“微博传播与大学生自我认同”（12YJC860050）、中央高校重点计划项目（13D111014）、中央高校自由探索项目（11D11005）阶段性成果。

现实生活中，人们的现实自我与理想自我、应该自我之间有差异是一种常见而又重要的现象。早期研究者很早就注意到，许多人因为现实自我与理想自我、应该自我之间的差异长期存在，难以消除，从而产生各种各样的不良情绪。

美国人本主义心理学家罗杰斯很早就对理想自我与现实自我的差异，及其与心理健康之间的联系进行了研究和探讨。在具体的测验中，他将现实自我与理想自我之间的差距作为衡量心理不协调的指标。[1]1987 年，Higgins 提出了比较系统的自我差异理论（Self-Discrepancy Theory，简称 SDT），并对其进行了实证研究。他将自我区分为：现实自我（actual self）、理想自我（ideal self）和应该自我（ought self）。“现实自我”是指个体自己或他人认为个体实际具备的特性的表征。“理想自我”是指个体自己或他人希望个体理想上应具备的特性的表征。“应该自我”是指个体自己或他人认为个体有义务或责任应该具备的特性的表征。理想自我和应该自我称为自我导向（self-guides）或自我标准。自我差异（self-discrepancy）指现实自我与自我导向之间的差距。现实自我与理想自我的差异会导致沮丧类情绪，如抑郁、失望、挫折感、羞耻等。现实自我与应该自我的差异会导致焦虑类情绪。[2]

以上研究主要注重自我差异的消极效应，而忽略了自我差异的积极效应。网络的崛起，引发一些研究者开始研究网络情境中的自我情况。他们认为，网络中非口头暗示的减少使用户体验了强烈的匿名感[3]，这种匿名在一定情况下，比面对面交往更可能使参与者进行夸张的、理想化的自我陈述[4]。在此基础上，本文选择当今网民热用的新媒体——微博来分析其使用者如何积极主动地建构自己的理想自我。

一、美化自我

自我意识理论认为，在一定时刻，个人的注意力要么向外指向外部的环境如任务、他人、社会情境，要么向内指向自我的不同方面。当个人将自己视为社会客体时，公共的自我意识会产生，公共自我意识高的人倾向于关心他们的公众形象和印象管理。[5]为此，写作时他们总是想象读者的存在[6]，往往要对自我进行修饰、美化，以期呈现出令读者感到满意的自我。个人对自我的美化，主要是通过印象管理来实现的。

最早明确提出印象管理概念的是戈夫曼，在其经典著作《日常生活中的自我呈现》中，戈夫曼将生活比喻为舞台，人们在这舞台上为不同的社会观众表演，为此，人们需要将自己作为受欢迎的人呈现给他人，这会促使行动者管理他们的行为以向他人呈现令人喜爱的和适当的印象。他认为，个人在其印象形成中是可以运用策略的，在面对面环境中通过"控制性"表达（如口头交流）和"自然流露"（如非口头的暗示）来完成。[7] 在网络环境中，因缺乏表情、眼神等非口头的暗示，个人更会倾向于一种"控制性"的表达（多限于文字）。个人在网上比在网下更能进行印象管理，如过滤掉不礼貌的信息让他人将自己看作是有礼貌的人，或将可视化的自我形象改为自己想要的那种类型，而不必与他们实际的相貌相似。[8]

微博主在自己的微博空间中可通过以下两方面的印象管理来美化自我。

1. 空间设计

像卧室一样，交互性的、多维度的网络日志空间为人们体验和展示身份提供了一个安全的、个人所有并受个人控制的空间。[9]

微博空间如卧室，个人对其拥有所有权和控制权。微博主可通过背景色彩、图片、陈列、文本和文字来设计自己的微博空间。博主会花一定的时间使用一系列象征他们理想身份的图片、符号、背景设计，以建立独特的微博空间的外观。附有图片的描述能提供更深入的信息，往往是对个人生活事件的叙事或对一些问题所持观点的解释，而图片则作为一种形象例证。图片是理想、渴望的意识流，为体验和发展他们的身份，他们将这些图片作为潜在自我转换的客体。[10] 除了色彩、式样和图片的融合，还有"用户信息"，包括"个人资料""粉丝"和"加关注的朋友"。"关注的朋友"在自我呈现中起着至关重要的作用，正如 Miller 所说，"告诉我你联系的人，我会告诉你是什么样的人"[11]，为了提高自己的身份地位、显示自己交际面广，微博主喜欢关注一些有影响力的人物，将这些人当成自己前进的榜样。

2. 写作与编辑

因无法看到对方的相貌及行为，博主所建构的印象就只能通过言说来实现，在现有的网络技术条件下，这种言说一方面通过纯文本的形式，一方面通过语音和视频的形式来实现。文本形式的印象管理手段是不见其形，不闻其声；语音形式是不见其形，但闻其声，虽然不见其形，但其声却给了我们一种真实感；视频（同时带语音）是见其形，闻其声，他提高了对对象的可知可感，却也因此减少了对对方的想象。[12] 微博主绝大多数还是通过文字和图片（含照片）的方式来进行理想自我的呈现，他们基于所提供的文字表达，通过想象，借助于交互感应，从而形成了对彼此的印象。

Adkins 和 Brashers 认为强有力的语言与无力的语言会影响网络传播中的人际印象。[13] 网络中的传播策略和简单易行的技术为微博主在空间中的印象管理和有选择性的自我呈现提供了方便。

首先，有大量的时间供用户润饰其表达。微博具有延时性，它不像 QQ，QQ 聊天时会想到另一端的人在等待自己的话语，因而不好长时间润饰自己的语言。它也不比面对面的交流，面对面交流中的任何一方若无话可说，双方都会感到尴尬，会想方设法另找话题。微博的延时性，使得微博主既可以在白天忙中偷闲，快快草就，也可在夜深人静时慢慢斟酌，精心润饰，美化自己，呈现出令自己满意的理想自我。

其次，在远离读者的情况下，博主不用担心对方的表情与姿态来影响、打断自己的表达，从而能更专注于自己博文的写作，也更讲究选择性和策略性。博主会在设计日志的过程中，有意识地对传播形式和表达风格进行选择，精心筛选个人的生活经历，修改部分细节，虚拟部分感受，省略自认为不便或不适宜于表现和公开的信息，从而在读者心目中获得理想的印象，引导读者将其看作是可信赖的、有能力的、有活力的、有文化的人[14]。正如 Walther 所说，视觉匿名允许网络用户建构一个占主导地位的积极印象，从而在对方心目中产生一个理想化的印象。[15]

再次，博文是可编辑的。微博主既可在 word 上写好文章编辑后再将它张贴在微博中发送出去，也可以在它自带的文本框中边写边修改，然后发送出去。即使发送出去后，还可以再修改，甚至删除。网络编辑系统使得编辑比笔和纸的使用更方便。在发送前改变文章的内容和形式是面对面的交往所无法提供的，现实生活中，“说出去的话如泼出去的水”，难以收回；而在微博中可将发出去的博文再润饰，省略、窜改，甚至删除他们认为不好的或有害的个人信息，制造、夸大或强化自我中积极的一面[16]。除了文字文本是可编辑的外，照片也是可编辑的，微博的延时性使得在张贴前有无限的时间来建构和美化照片，通过掩饰照片中的一些瑕疵来控制照片所揭示的信息。照片编辑加强了用户的印象管理。[17]

正是微博的延时性、疏离和可编辑性，使得微博主的“理想自我”有了更多伸缩自如的表意空间，既可取悦观众，也可构建与自己的理想自我相一致的公众自我形象。

二、在“关注”中“投射”于他人

投射一词最初来源于弗洛伊德对心理防御机制[18]的命名。弗洛伊德发现，投射否认对自己的不快指责，而将这种指责投射到他人身上。投射作用（Projection），就是指将自己欲念中不为社会认可者加诸他人，借以减少自己因此缺点而生的焦虑。[19]除了弗洛伊德的消极投射外，还有一种积极投射，亦即将潜意识中的理想、愿望、情感等投射到他人身上，本文此处要谈的就是积极投射，亦即将自己“想成为的自我”投射到他人身上。

据霍尔姆斯（D.C.Holmes）对投射维度匹配的分类[20]，投射可分为四个类别：一是相似性投射，即一个人没有意识到自己的特质，而不自觉地将自己的特质投射到对象物上；二是归因投射，即一个人在意识到自己的特质的基础上，将自己的特性投射到对象物上；三是互补投射，是把自己意识到的互补特质进行向外投射；霍恩伯格的研究表明被投射的特质是对被试者自己本身特质的补充；四是潘格罗斯-卡桑德拉[21]投射，这种投射是投射者没有意识到自己具有一种相反的特质，而进行的不自觉的投射。例如，一个把世界看成是积极向上的人，在他的潜意识中实际会存在着消极的情感。

在微博空间中，微博主对“理想自我”的投射主要是通过“加关注”来体现的。

微博主在“加关注”时要对所“关注”的对象有所取舍，因为写微博的人很多，他/她不可能关注所有的微博用户。他/她会精心选择自己所要“关注”的对象，这些被精心选择出来的“被关注者”就是他/她投射“理想自我”的对象。

1. 关注/投射于亲友

在关注亲友中投射自己的理想我，这种方式在微博空间中占有非常大的比重。这与微博最初创设的用意——为微博主提供告诉亲友自己“正在哪儿”“正在做什么”的平台有关。

微博主将“理想我”投射到亲友身上，主要采取的是归因投射和互补投射。

其中，归因投射占很大比重。物以类聚，人以群分，这一点在微博空间中也有体现。微博主除了关注自己熟悉的家人外，更多关注的是同道中人。微博主会依据自己的专业来选择所关注/投射的对象，他们关注的大多是本专业的老同行，老同行在微博中所展示的心得体会、成就感，是他们所正在追求的，因而成为鼓舞他们前进的动力。这就是归因投射。除此外，微博主感觉自己想不到做不到或者想到却做不到的事，而自己的旧友却能想到、做到，于是微博主就把自己意识到的互补特质投射到他们所关注的旧友身上，希望像他们那样开朗洒脱、宽容友爱、不畏强权，敢于批判不合理的体制，勇于倡导公益行动等。

2. 关注/投射于名人

社会化媒体技术能使人们通过创建内容、共享内容来建立普通微博主与名人之间的联系。在微博空间中，名人可通过揭示个人信息，用语言和文化符号创建其与公众粉丝之间的熟悉感和亲密感，而对于普通的粉丝微博主来说，微博的吸引力在于他们可直接访问名人，尤其是获得有关名人的“内幕”信息、名人照片，以及他们的观点陈述等。他们通过关注名人，通过与名人接近从而获得日常生活的意义。

名人身上具有的优秀品质是粉丝们“理想我”的体现，如刘若英的知性；“微博女王”姚晨的自由随性、追求完美、热衷公益；杨澜的干练、自强、自立；靳羽西的高雅、挑战自我、超越自我；周杰伦的孤独、沉默与率性，等等。粉丝们在名人们身上可以看到自己的影子，将自己的“影子”投射到名人身上，反射回来的则是名人身上的“光环”。他们常用的是归因投射，自己意识到自己的性格特征，并将此性格特征投射到名人身上。

他们所看重的名人身上的特质，往往是他们身上已经具备的，他们在名人身上找到了某种契合点。也正是因为这种契合点，名人才被他们选中，被关注，被承载许多期望，陪伴他们一起成长。粉丝们在名人身上倾注了自己最珍贵的情感，因投入的太多，他们就会不离不弃倍加珍惜，一路关心名人们的光辉与落寞、成长与喜悲，并作为自己的榜样。既然具有相似性，那么，名人的成长就是自己的成长，关心名人事实上就是在关心自己，名人们的未来不只是他们的未来，也是众多支持者粉丝们的未来，那是他们共同的梦想共同的远方，甚至于有些善于幻想的人，早已把自己当成名人本身，合二为一了。

3. 关注 / 投射于公共事件中的相关者

除了关注亲友、名人外，微博主还会关注公共事件中的相关者，他们对公共事件相关者的投射主要采取的是相似性投射。

微博的即时性与便携性使得寻常事件、突发事件的目击者甚至当事人能在第一时间通过自己的微博传播事件，尔后经过他人不断地高转发、高评论，使得消息在网络上得以快速传播，形成一种裂变式的“几何级”的扩散，在扩散的过程中，寻常事件、突发事件逐渐演变成为公共事件，而事件的相关者也会随着事件的“公共化”浮出水面，成为受人关注的公众人物。

2012 年 6 月，陕西安康镇坪县怀孕 7 个半月的孕妇冯建梅遭强制引产的微博在一夜之间被转发了十几万次，受众有数千万人。该事件引发中国网民极大愤怒。北京亿嘉律师事务所的张凯律师发微博表示愿为当事人提供法律帮助：“出于基本人道关怀，本律师将前往此地，为受害人提供法律帮助，我无法接受在我们土地上，公然的杀戮，如果漠视，我觉得与杀人者无异。”“镇坪惨案，已经违背了人类最基本的良知，本律师将在本周前往调查，并为当事人提供法律帮助，如属实，本律师将穷尽国内法律救济方式，如果国内救济无法满足最基本诉求，本律师将不惜任何政治风险，寻求国际人权组织及联合国等机构帮助。”[22]

张凯律师在微博中对镇坪案的关注以及其不顾风险为当事人提供法律帮助的行为也引发了许多微博主对他的关注，微博主在纷纷谴责计生人员没人性、冷漠、残酷、谋财害命的同时，不断地夸赞张律师依法维护正义、“铁肩担道义，虎胆卫人权”的英勇行为，纷纷对其表示了由衷的敬佩和支持。他们不自觉地将对正义的呼唤、人性的诉求、人权的倡导、民主的渴望投射到他身上，实现一种由自我向“理想我”的升华。

三、虚拟另一身份

除了美化自我、投射于他人外，微博主还有一种建构理想我的方式，那就是“虚拟”另一个身份，这个“虚拟身份”就是作者“想要成为的自我”。

现实生活中的人要确定自己的身份，先要有一个名字，微博中也是如此，要确定一个虚拟的身份，也是先要给这个身份取个名字，即化名（pseudonymity）。戴森（Esther Dyson）说，“个人给自己取一个法定姓名以外的名字，凭此在网上建立起一个虚假的，但经久不变的身份”，这就是化名[23]。由于人们在虚拟交往中以化名的方式出现，每一个人的自我认同必须经由与他人的互动过程，逐渐形成一个自圆其说的叙事，当人们在网络上长期用同一个代号后，环绕着这个代号就会凝聚出一个人际关系的网络，慢慢地这个代号就像是其在真实世界的外貌长相一样，长期戴着这个面具，也自然而然地对这个网络上的化身产生了认同，这个面具就因此成为人们自我认同的一部分。从他人的角度来看，这个化身也具有人格特质。[24]

社会心理学和医学领域的研究发现，一些公开的自我呈现，尤其是理想的自我呈现，会对人的情绪状态和行为产生积极的影响。根据社会认知理论，人的行为可以通过观察社会模型（如化身）而习得。[25] 化身的建立是为了反映出一个人的身份，这种身份有可能成为一种有效的模式来激励用户的自我持续行为。化身能起到自我塑型的作用，它类似于一个人的理想自我，帮助用户想象他的理想形象，激励他的行为与其理想形象保持一致。

在微博空间中，微博化名所提供的弹性，允许个人扮演虚拟的角色，并通过文字、图片、动漫、音乐播放、意见表达等各种手段来强化、稳固这个虚拟角色，在微博空间中获得角色认同的满足。微博主可以通过他们虚拟的化身来创建和想像自己，帮助自己看见未来的理想自我，从而鼓励自己要尽最大努力来实现这种理想的形象。因此，不同于 Higgins 的自我差异理论，在微博空间中，化身的实际 / 理想差异会对用户的情绪状态和健康行为产生积极的影响。有的热爱自然，渴望纯净；有的崇尚古典，追求雅趣；有的追求时尚，力求标新立异；有的崇尚独立，尽力张扬个性；有的追求小资情调，渴望享受生活；有的崇尚自由，渴求民主……

个人的面具其实是社会期待的体现，人（person）的原意就是面具（persona）。当人们在网上创造和扮演自己所选择的角色时，这个面具就成为人们人格（personality）的一部分，在开放而动态的场景下人能大胆表现自我，实现人的行为与“自我认同”的统一与协调。[26] 与完全匿名环境下的虚拟身份（如特克所说的多用户地牢）不同的是，微博中所虚拟的身份会受到年龄、职业、文化程度等社会因素的影响，现实生活中的经历成为微博主建构理想我的背景元素。

结　语

不同于现实生活中自我差异所带来的消极效应，微博主在微博空间中可积极主动地建构“理想自我”，他们可以直接通过印象管理策略来美化自我，还可以通过“加关注”的方式将理想我投射于他人，从而间接建构起理想我。此外，微博的网络特性也使得微博主能虚拟另一身份，这个虚拟身份就是他们所想成为的自我，与纯匿名情境下所建构的自我（完全不同于现实我）不同的是，通过微博所虚拟的我夹杂有现实我的影子。

注释：

[1] 卡尔·R. 罗杰斯著，阳光学译. 个人形成论：我的心理治疗观 [M]. 北京：中国人民大学出版社，2004:7,220.

[2] Higgins ET. (1987).Self-discrepancy: A theory relating self and affect.

Psychological Review, 94(3): 319-340.

[3] Bargh, J. A., McKenna, K.Y. A.,&Fitzsimmons,G. M. (2002).Can you see the real me? Activation and expression of the "true self" on the Internet. *Journal of Social Issues,* 58(1): 33-48.

McKenna, K. Y. A., Green, A. S., & Gleason, M. E. J. (2002). Relationship formation on the Internet: What' s the big attraction? *Journal of Social Issues*, 58(1): 9-31.

[4] Cornwell, B., & Lundgren, D. (2001). Love on the Internet: Involvement and misrepresentation in romantic relationships in cyberspace vs. realspace. *Computers in Human Behavior,* 17(2):197-211.

[5] Guadagno, R. E., Okdie, B. M., & Eno, C. A. (2008). Who blogs? Personality predictors of blogging. *Computers in Human Behavior*, 24(5):1994-1995.

Yao, M. Z., & Flanagin, A. J. (2006). A self-awareness approach to computer-mediated communication. *Computers in Human Behavior*, 22(3):518-525.

[6] Miura, A., & Yamashita, K. (2007). Psychological and Social Influences on Blog Writing: An Online Survey of Blog Authors in Japan. *Journal of Computer-Mediated Communication*, 12(4):1455-1456.

[7] [美]欧文·戈夫曼. 日常生活中的自我呈现[M]. 黄爱华，冯钢. 杭州：浙江人民出版社，1989:6-7.

[8] Lee, E. (2004). Effects of visual representation on social influence in computer-mediated communication: Experimental tests of the social identity model of deindividuation effects. Human Communication Research, 30(2):234-259.

[9] Hodkinson, P., & Lincoln, S. (2008). Online journals as virtual bedrooms?: Young people, identity and personal space. *Young,* 16(1):28.

[10] Suler, J. (2008). Image, word, action: Interpersonal dynamics in a photo-sharing community. *CYBERPSYCHOLOGY & BEHAVIOR,* 11(5):555-560.

[11] Hodkinson, P., & Lincoln, S. (2008). Online journals as virtual bedrooms?: Young people, identity and personal space. *Young*, 16(1):34.

[12] 屈勇. 网络人际交往中的印象整饰[J]. 今日中国论坛，2008(1):39.

[13] Walther, J. B. (2007). Selective self-presentation in Selective self-presentation in computer-mediated communication: Hyperpersonal dimensions of technology, language, and cognition. *Computers in Human Behavior*, 23(5):2540.

[14] Tidwell, L. C., & Walther, J. B. (2002). Computer-mediated communication effects on disclosure, impressions, and interpersonal evaluations: Getting to know one another a bit at a time. *Human Communication Research*, 28(3):317-348.

Dominick, J.R. (1999). Who do you think you are? Personal homepages and self-presentation on the World Wide Web. *Journalism and Mass Communication Quarterly* 76(4): 646-658.

[15] Joinson, A. N. (2001). Self-disclosure in computer-mediated communication: The role of self-awareness and visual anonymity. *European Journal of Social Psychology*, 31(3):179.

[16] Caplan, S. E. (2003). Preference for online social interaction: A theory of problematic internet use and psychosocial well-being. *Communication Research,* 30(6):631.

[17] Shim, M., Lee, M. J., & Park, S. H. (2008). Photograph use on social network sites among South Korean college students: The role of public and private self-consciousness. *Cyberpsychology & Behavior*, 11(4):489-493.

[18] 指个人企图保护自己避开迫近的危险，从而保持一定安全感的某种过程及技巧。这个概念在精神分析理论中得到广泛使用，其目的往往在于减少焦虑、避免痛苦或者拒绝自我批评。防御的技巧主要包括：认同、文饰、回归和投射。

[19] 张春兴. 现代心理学——现代人研究自身问题的科学 [M]. 上海：上海人民出版社，1994:455.

[20] 杨韶刚. 精神的追求—神秘的荣格 [M]. 哈尔滨：黑龙江人民出版社，2002:75.

[21] 潘格罗斯是伏尔泰小说中的一个人物，他不承认自己所处的险恶环境，而坚持认为他看到了所有可能世界中最美好之处；卡桑德拉是古希腊的一位预言家，他预言到会有灾难发生，但是没有人相信他。

[22] 引自张凯律师 2012 年 6 月 12 日的两条微博。

[23] [美]埃瑟·戴森. 2.0版：数字化时代的生活设计[M]. 海口：海南出版社，1998:315-316.

[24] [美]雪莉·特克. 虚拟化身——网路世代的身分认同[M]. 谭天，吴佳真. 台湾：远流出版事业股份有限公司，1998:259.

[25] Bandura, A. (2002). Social cognitive theory of mass communication. In J. Bryant & D. Zillmann (Eds.), Media effects: Advances in theory and research (pp.). Mahwah, NJ: Lawrence Erlbaum Associates, Inc,121-153.

[26] 黄厚铭. 面具与人格认同——网路的人际关系[EB/OL]. http://www.zuowenw.com/lunwenku/jsjlw/200809/393883_3.html, 2008-9-5.

附录二

微博空间中“现实自我”的建构*

杨桃莲

[本文提要] 关于网络中自我的建构问题，早期大多数研究均关注纯粹匿名环境中网络身份的建构，从而得出“与现实生活中不一样的自我”的结论。微博不是纯粹匿名的，本文关注微博空间中“现实自我”的构建问题可充实、丰富原有的研究。研究发现，微博实名制限定了自我的现实身份，微博主的“现实我”是通过“自我叙事”和“与他者的闲聊寒暄”中建构出来的，并着重阐述了微博主如何建构“现实我”。

[关键词] 微博；实名；现实自我；自我叙事；闲聊寒暄

关于网络中自我的建构问题，早期大多数研究（以雪莉•特克为代表）均关注纯粹匿名环境中网络身份的建构。研究发现，肉身的脱离和匿名使人可以重新塑造与现实我不一样的自我。然而，网络世界并不完全都是匿名的，家人、邻居、同学、其他线下熟人均可以在网上进行人际传播。这种基于线下友谊的网上关系

---

* 本文发表于《新闻记者》，2013年第12期。

被称之为“锚定关系”[1]，它限制着个人在网络中对自我身份的重新塑造。[2]微博也是网络样式的一种，但它不是纯粹匿名的，因而特克在《虚拟化身——网路世代的身分认同》[3]中所得的结论并不能完全普适于微博，本文研究微博空间中“现实自我”的建构可充实、丰富原有的研究。

Higgins曾将“现实自我”（actual self）与“理想自我”（ideal self）和“应该自我”（ought self）作了区分。“现实自我”是指个体自己或他人认为个体实际具备的特性之表征。“理想自我”是指个体自己或他人希望个体理想上应具备的特性之表征。“应该自我”是指个体自己或他人认为个体有义务或责任应该具备的特性之表征。[4]通过对微博的长期考察以及自己的亲身实践，笔者发现，在微博传播中更易于建构现实我。在此基础上，本文进一步阐释微博用户如何在自己的微博空间中通过人内、人际、群体等传播样式来建构“现实自我”。

一、微博实名制限定自我身份

2011年12月16日，北京市人民政府新闻办公室、市公安局、市通信管理局和市互联网信息办公室共同出台《北京市微博客发展管理若干规定》，要求“后台实名，前台自愿”。微博用户在注册时必须使用真实身份信息，但用户昵称可自愿选择。新浪、搜狐、网易等各大网站微博都在2012年3月16日实行实名制，并采取前台自愿，后台实名的方式。这意味着微博用户必须进行真实身份信息注册后，才能发言；而未进行实名认证的微博老用户，不能发言、转发，只能浏览。

“后台实名，前台自愿”寓示微博用户有两类。一类是直接实名，即后台、前台均使用实名；第二类是后台实名，前台匿名。微博实名的规制导致微博主所建构的自我与匿名博主所建构的自我不一样，实名规制下的微博主更倾向于建构现实我。原因在于，实名限定了自我的身份，现实中的朋友、家人会一下子搜索到自己，有的微博主甚至直接写给朋友、家人看。这就决定了微博主在微博中反映的自己要与现实生活中的自我一致，以保持其在熟人、朋友、家人心目中稳定的、前后一致的印象。而且，实名制决定了个体不可避免地易受到社会规范的制约，不可想说什么就说什么，想写什么就写什么，否则将会受到道德的谴责，法律的制裁。今年8月，造谣传谣的网络推手“秦火火”（秦志晖）、“立二拆四”（杨秀宇），以及实施敲诈勒索的知名爆料人周禄宝相继被抓[5]，而以“求辟谣”“求证”等方式参与造谣传谣的微博“大V”也遭到了国信办有关负责人及央视新闻联播的特别批评，从中可见社会法律道德对微博主的制约。另外，微博主若过多地涉及自我鲜为人知的一面，特别是将自己的隐私暴露出来，而没有匿名的保护，则有可能遭到熟人的嘲笑，会有不安全感。如此这些，都决定了微博主选择对“现实自我的再现”这种最稳妥的方式。

微博实名制既是微博主建构“现实自我”的原因，也是其建构“现实自我”的情境，在这样的情景里，微博主通过人内传播中的“自我叙事”和人际传播中的“与他者的闲聊寒暄”来建构“现实自我”。

二、人内传播：自我叙事再现“现实自我”

叙事是讲述已经发生、正在发生或可能发生之事件。[6]叙事心理学认为，叙事本身与建构自我息息相关，是自我探索的一种方式。麦克亚当斯指出，我们不是在叙事中“发现”自我，而是在叙事中“创造”自我。在叙述中我们才能够认识自己，审视过去，祈望将来。[7]

许多思想家认为，自我叙事是自我再现必不可少的体裁，在已开展和期望继续发展的典型故事中，身份得以发端和形成。[8]吉登斯也指出：“个人的认同不是在行为之中发现的（尽管行为很重要），也不是在他人的反应之中发现的，而是在保持特定的叙事进程之中被开拓出来的。”[9]

像所有的社会化媒体一样，微博也与自我呈现有关。从社会学的角度讲，微博属于自我生产。微博空间的主要特征是一个仅能容纳140字的文本框，这是一个关于“何事正在发生？”或“有什么新鲜事告诉大家？”的文本框架。这个文本框召唤着用户每天用简短的字句来更新自己的近况，讲述自己的见闻，或分享自己当下的心情、行踪及经历。从传播学的角度讲，“人不能不传播”，140字的文本框刚好为人们提供了简洁实用、方便快捷的传播通道。对微博持续性的定期更新成为微博主构建自己身份的有意义的一部分。每天关于吃饭或穿着打扮的发布，很容易被视作琐碎、平凡。但是，社会学家布迪厄认为，“平凡”的日常生活蕴含着“不寻常”的意义。微博看似琐碎、平凡，但却是自我确认的重要工具；看似平庸的微博成为表明“看着我”或“我存在”的重要平台。140字的限制使得微博主的自我叙事碎片化，自我的经历形成一系列的片断，自我的形象分解成大量的生活“照片”，每一张“照片”都有独立的意义。比如，“传媒老王”通过每天发布“老王天天报”，构建出一个热心为网民读报的报纸媒体人形象。清华大学新闻与传播学院副院长陈昌凤教授通过不断发布微博，建构了一个重视新闻学科发展，关注融合教育，关爱学生，具有国际眼光的新闻专业女院长、女教授形象。

除了通过文本叙事外，微博主还通过照片叙事来建构自我。有理论家认为，个人照片是自我认同的同等物（“我们的照片就是我们自己”）。20世纪70年代末，Roland Barthes 强调了认同与记忆之间的紧密联系：照片是对以前外貌的可视提醒物，它们召唤我们回顾过去所发生的一切，同时也告诉我们该如何记住年轻时候的自己。我们重新塑造我们的自我形象去适应以前拍的照片。当我们被照片召唤时，记忆也就产生了，即使照片看起来呈现了关于过去的复杂的影像，我们的回忆也从来不会相同。然而，我们用这些照片不是修改记忆，而是重新评价过去的生活，回顾过去的样子，反思现在的样子，甚至猜想将来的样子。[10] 中国人民大学新闻学院副院长、喻国明教授于2013年7月27日将自己跨越10年的9张照片浓缩在一则微博中（见图1）。其中，7张照片彰显他在公开场合发言的公共知识分子形象，1张照片表明他是公开场合的聆听者，还有1张生活照显示其对人生的思索和感悟。喻国明教授精选的9张照片如珠子串联起他的过去和现在，唤回了他对过去光辉形象的记忆；也令他发出光阴“易逝”、生命易老，而只有影像能定格精彩瞬间、留住“永恒”的慨叹。

图 1　喻国明教授的微博

综上所述，微博主通过讲述最近发生的事情设定、确证和认同着自己，而接近于“自我民族志”的一系列照片则加强了他们传播自己生活的能力，建构了过去的自我、现在的自我以及将来的自我。

三、人际传播：闲聊寒暄调谐“自我认知”

“自我”的意识不可能在一个封闭的个体中萌发，而是“他者”渗透的结果，“他者”永远是理解“自我”不可或缺的参照系。人际传播中米德的“主我、客我”概念，库利的“镜中我”概念都强调了“他者”的存在对“自我”的意义。在微博传播中，“他者”的参与丰富了自我叙事的文本世界，也共同影响用户对“自我”的建构。反过来，对外在于“我”的任何人事的言说事实上最终都体现了个体对自我的建构。

在微博空间中，微博主既可以“关注”他人，也可以拥有自己的“粉丝”。微博主可以阅读和评论所关注对象的微博文本，同时，微博文本也可以被自己的粉丝所阅读和评论。为了能查看动态，也能在同一系统内穿梭于自己和他人的社交网络，微博主需要建立和链接与他们相关的网络用户。因此，微博依存的是一个高度相关的社会空间，在此空间中，信息消费被创造并激发。换句话说，进入信息流和加入微博空间中的对话，用户必须建立彼此之间的链接。于是，微博主在微博空间中会列出自己所关注的对象以及关注自己的粉丝，并对他们进行管理。比如可以将所关注的对象进行分组，分为“媒体人”群、“学者”群，“同学”群、“笑星”群，等等；而对自己的粉丝，则可以选择按“最近联系人”、按“关注时间”或按“对方的粉丝数”来进行排序管理。因此，微博可以说是一个松散的关联结构，此间有更紧密的集群或者说围绕特定主题和兴趣而形成的亚群体，他们在互相的阅读和评论中，建立了彼此间的闲聊寒暄关系。

微博主通过发私信、评论、回复，甚至直接“@”到对方微博的方式发表简短的寒暄语或闲聊类消息，目的在于维持关系或搜集有关他人的社会信息。关于日常微不足道、琐碎事情的闲聊寒暄看似无意义，但当这些社会信息的小片段汇集在一起时，会变成生活的复杂肖像。[11] 在寒暄和闲聊中，社会信息得以在网上被创造、共享和搜索，这有利于维持或加强“说者”和“听者”之间的密切关系，使“听者”了解更多远方朋友的有用信息。

此外，闲聊寒暄还调谐着微博主的“自我认知”。微博主通过文字、图片、音乐、朋友链接来建构自我，他们在建构的过程中，脑子里会勾画出身边的家人、朋友看微博并对自己微博作出反应的场景，这种场景就好像面对面交往时的场景，他人对自己的看法会影响自己对自己的建构，亦即客我会影响主我的建构。主我执行自我的功能，支配自我活动，客我是自我的对象化，把自己作为心理对象，库利叫它“镜中我”，通过客我这面心理镜子看自己，是否符合他人的要求和他人的看法。一个人自言自语或者思索问题、慎独等，无一不是自己给自己提出问题、回答问题，无一不是把自己分成两部分，把其中的一部分对象化，去审视（自我审视）、去评价（自我评价）等。然后这个被对象化了的客我又回到自我，与主我汇合，形成对自己的认知。沙莲香认为，在米德等人的社会化理论中，客我是由社会规范这种文化“内化”而来，米德的内化论是文化决定论，有正确的、可取的一面，但是，它忽视了主体自身的主动作用。在社会规范与内化过程之间还有一个主体的价值选择作用即价值领域的中介作用，具体地表现在“客我”的主体性上，就是说，客我不完全是一面镜子，不完全是他人（或社会）对自己的看法、期待等，还有自己对自己的看法、期待等；客我是由他人眼睛中（来自他人）的自我形象和自己头脑中（来自自己）的自我形象两部分构成。前者叫他画像，后者叫自画像（见图 2）。自我的本质是对自他关系的处理以及对个人同社会各种关系的处理。这样，自我通过主我和客我的相互作用以及客我中自画像和他画像的相互作用，维持和不断完善人们的心理状态，使人们清醒而又完整地看到自己、理解自己。[12] 微博日志中朋友评论的作用，有利于主我和客我的调和。因为，作者的想法、行为等能够得到其读者的反馈，也就是主我能够更加清晰地了解社会的客我，尤其是一些不能用语言交流的朋友关系，这种反馈的作用巨大。主我对这些进行觉知，可以对自己做一些相应的调整，朝着别人更易于接受的和更为欣赏的方向发展。复旦大学中国历史地理研究所葛剑雄教授的微博常会引起网友的评论，而他会就网友的评论予以回复与评论，继而又引发新一轮的评论，如此反复。在这种嵌入式链条的闲聊寒暄传播中，他对网友的疑问进行耐心解答；对暂时做不到的事即时予以解释、澄清，以免他人误解；对网友指出的微博使用的技术问题，承认自己的疏忽，虚心接受对方的意见。于是，一个治学严谨、求真务实、答疑解惑、虚心接受意见的学者形象跃然于微博之中。

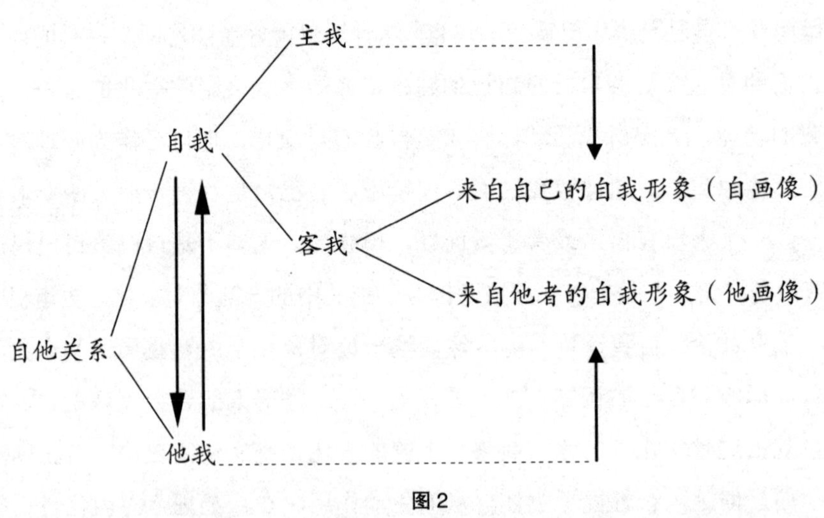

图 2

自己的表现，一方面是个人的意志决定，是由个人来表现的；另一方面，又受对方的影响，是被对方规定着的。因此，在人际传播中，为了取得自己同对方的协调关系，就必须不断地自我认知，不断修正自己对自己的看法和表现；同时，又必须不断地了解和认知对方对自己的看法，以便修正自己的表现（见图 3）。A

作为表现者，在B面前是自我表现，对于A的自我表现的理解，一方面有A对自己的理解（A的自我认知），另一方面有B对A的理解（他我B对A的认知）。A对自我表现的修正，也就根据这两方面的理解来进行：B对A的理解反馈回去之后，A对B的理解给予某种推测和认知，A根据这种推测和认知直接调整自己的表现；同时，A对自我表现也有理解和认知，当自己察觉自我表现不当，不符合与B的关系时，立即调整自己的表现。从图式中可以看出，在A和B对A的表现所给予的理解中，有一个重要环节在其中起作用，就是对B来说是B与A的关系，对于A而言是A与B的关系。[13]

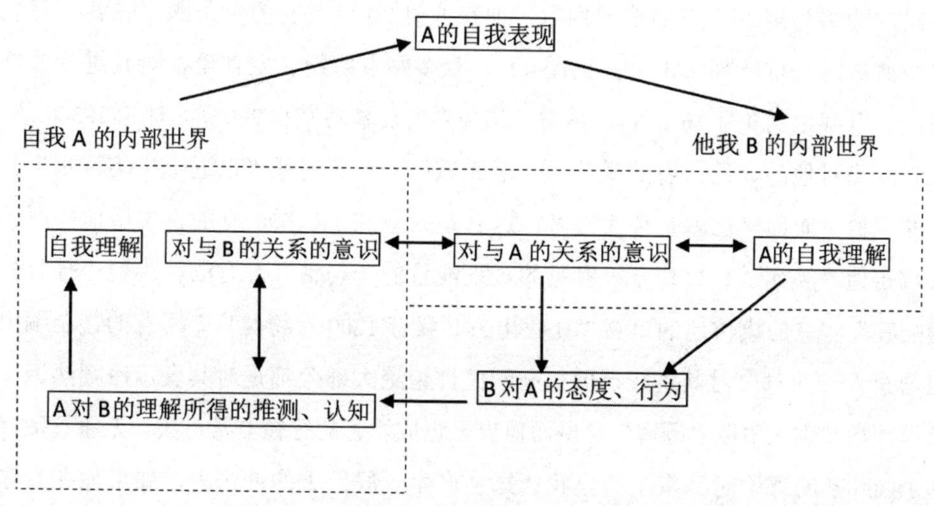

图3　A的理解和A对B的理解所给予的认知

就闹得沸沸扬扬的“薛蛮子事件”来说。薛蛮子在新浪的第一条微博发表于2010年9月8日凌晨0点20分，而在三年之后的9月16日，他的粉丝量已超1205万。他在微博上的发展轨迹是：发布慈善、财经内容（受粉丝关注）→利用微博打拐（粉丝涨为几十万）→媒体名人（杂志封面人物，电视评点人，与电视名主持共同做节目。人气继续积聚）→微博达人（粉丝超千万）→嫖娼被刑拘（遭网民嘲笑与炮轰）。薛蛮子在微博上的发展史实际就是与粉丝、网民、现实社会互动的历史。他在微博上建构的慈善公益人形象使他受到粉丝的追捧，而粉丝的追捧又使他受到现实生活中媒体的关注，成为媒体的“宠儿”，而媒体的“恩宠”又为他带来大量粉丝，使他成为微博达人。粉丝带给他的“一呼百应”的效果，以及“一天上千条私信的求助”助长了他自我意识、个人虚荣的膨胀，产生一种“飘飘然”有如“皇上”般的感觉：“所谓大V的威风，就跟皇上一样，都是‘已阅’。每天早上给你七八十条、几千条、一千条求你，你马上‘此条批给某某省人民政府阅’。我马上把一条私信转发给一个单位，当天下午就回了。你说像不像皇上？有点像吧？批阅起来还是有作用的。这时候由不得你不飘飘然一下子。”[14]而当他嫖娼被刑拘时，法律彻底击碎了他“飘飘然”的感觉，让他回归到真实的自我，体会到了“网上的社会和现实社会都是一样的”[15]。他不但受到了法律的处罚，而且还受到了网民的嘲笑与炮轰。嫖娼被刑拘后，他在8月20日所发的一条跟“嫖客”有关的微博被网民重新翻了出来（见图4），众多网友纷纷转发评论，对其进行吐槽调侃。[16]截止到9月16日11：46分，该条微博已被转发97960条，评论18300条。纵观网民对他的评论，有的说他“一语成谶”，有的说他“以五十步笑百步”，有的说他“而你自己就是个大嫖客，这真是太讽刺了！”，有的直接用他的原话来攻击他“笑死了！！！今年看见的最正能量的一句话”，有的认为他“打脸打得响亮”，有的模仿他的口吻“让我出去！我有1200万粉丝！”还有的甚至编出他与李天一的对白对其进行调侃……网民评论绝大部分都是对其表示冷嘲热讽，觉得他嘲笑别人争取“嫖客”身份而他自己也成嫖客的行径非常可笑。无庸置疑，这18300条的评论对薛蛮子的自我认知会产生一股巨大的冲击力，如果他在看守所能看到这些评论的话。

笑死了！！！今年看见的最正能量的一句话：当上海的法官们想拼命甩掉"嫖客"身份的时候，李双江梦鸽夫妇在竭力为孩子争取一个"嫖客"的名份！所以：人活着要知足！引自微信

8月20日 11:25 来自iPad客户端 | 举报　　赞(5175) | 转发(97960) | 收藏 | 评论(18300)

图4　薛蛮子的微博

由上可知，薛蛮子在微博中的自我表现是受粉丝、网民、现实媒体、现实法则的影响并被其规定着的，后者调谐着他的自我认知。是粉丝的追捧、现实媒体的关注导致其自我形象的放大；而当其微博中的言语与现实生活中的行径不一致时，他就受到了法律的制裁和网民的炮轰，其自我形象也因而受损。

总的来说，微博主在微博空间中建构自我时，除了有对自己的认知、评价，还要考虑想象中的现实生活中的朋友及家人对自己的评价，他们“从别人反射出来的光里看到自己”[17]，别人评价他们的方式左右着他们对自己的评价。因顾及自己身份的真实性，考虑到朋友、同学和家人会浏览自己的微博，微博主就会倾向于提供与他人“镜中我”一致的印象。若建构的自我与他人眼中的自我相差太大，在现实生活中，他们还要费劲向家人、朋友、同学解释，因为现实生活中的人们会用“前后是否一致”来判断一个人的“诚实”或“虚伪”，若反差太大，个人就会破坏自己原先在人前所呈现出来的印象，而有被责为“虚伪”的危险，为此，自己就得向众人“费力解释”。为了不冒“费力解释”的危险，他们倾向于建构出与“镜中我”一致的自我。为了一致，他们或直接再现现实生活中的自己，或修改在微博中偶尔流露出来的“印痕”以求认知上的“和谐”。

当然，笔者并不是说微博空间只能建构“现实自我”，只是说实名制下的微博更倾向于建构现实自我，而关于微博空间中自我建构的其他情况，同样值得今后进一步探究。

注释：

[1] 锚，是钢铁制的停船工具，用以固定船只，使之不能漂走。锚定，是用“锚”定桩以固定他物。本文所指的锚定关系，喻指线下关系就像网上关系的“锚”一样，它固定约束着线上关系，线上关系不能脱离线下关系，而要以线下关系为基点。

[2] Zhao, S., Grasmuck, S., & Martin, J.Identity construction on Facebook: Digital empowerment in anchored relationships. *Computers in Human Behavior*, 2008, 24(5): 1818-1820.

[3] 雪莉·特克. 虚拟化身——网路世代的身分认同. 台湾：远流出版事业股份有限公司，1998.

[4] Whitty, M. T. Revealing the "real" me, searching for the "actual" you: Presentations of self on an internet dating site. *Computers in Human Behavior*, 2008, 24(4):1707-1709.

[5] 秦、杨二人在微博上先后策划、制造了一系列网络热点事件，使自己迅速成为网络名人，如策划“天仙妹妹”“最美清洁工”“别针换别墅”。此外，还编造“雷锋奢侈生活”，污称这一道德楷模形象完全是由国家制造；利用“郭美美炫富事件”蓄意炒作，恶意攻击中国的慈善救援制度。知名爆料人周禄宝也热衷在微博上以揭露隐私相要挟，对他人进行敲诈勒索。资料来源：史竞男，邹伟. 与“秦火火”“立二拆四”面对面：我真的知道错了. 新华网，2013-08-22 00:42。王梁. 微博大V灰色利益链：大V参与造谣传谣——网络推手公司年营收上千万. 第一财经日报，2013-08-27 07:52.

[6] 聂庆璞. 网络叙事学. 北京：中国文联出版社，2004:3.

[7] 马一波，钟华. 叙事心理学. 上海：上海教育出版社，2006:93.

[8] Kose, G. The quest for self-identity: Time, narrative, and the late prose of Samues Beckett. *Journal of Constructivist Psychology*, 2002, 15(3):172.

[9] [英]安东尼·吉登斯. 现代性与自我认同：现代晚期的自我与社会. 北京：生活·读书·新知三联书店，1998:60.

[10] José van Dijck. Digital photography: communication, identity, memory. *Visual Communication*, 2008, 57(7):63-68.

[11] Naaman, M., Boase, J., and Lai, C. H. Is it really about me? Message content in social awareness streams. Proceedings of CSCW-2010. Savannah, Georgia. 2010:189-192.

[12] 沙莲香. 社会心理学. 北京：中国人民大学出版社，1987: 167-168.

[13] 沙莲香. 社会心理学. 北京：中国人民大学出版社，1987: 165-166.

[14] 薛蛮子主动向警方讲心路历程：做大V感觉像皇上. 中国广播网，2013-9-15 00:13

[15] 薛蛮子主动向警方讲心路历程：做大V感觉像皇上. 中国广播网，2013-9-15 00:13

[16] 邓浩. 大V薛蛮子嫖娼被抓　日前讽嫖微博遭网友嘲笑. 中国经济网，2013-8-25 20:25

[17] [美]卡伦·霍妮. 自我分析. 贵阳：贵州人民出版社，2004:219.

参考文献

一、中文文献（按文中出现的先后顺序排列）

（一）书籍

1．[美] 埃里克・H. 埃里克森．同一性：青少年与危机 [M]．孙名之．杭州：浙江教育出版社，1998.

2．[加] 查尔斯・泰勒．自我的根源：现代认同的形成 [M]．韩震等．南京：译林出版社，2001.

3．[加] 查尔斯・泰勒．现代性之隐忧 [M]．程炼．北京：中央编译出版社，2001.

4．[英] 安东尼・吉登斯．现代性与自我认同：现代晚期的自我与社会 [M]．赵旭东，方文．北京：生活・读书・新知三联书店，1998.

5．[英] 安东尼・吉登斯．现代性的后果 [M]．田禾．北京：译林出版社，2000.

6．[英] 安东尼・吉登斯．社会学 [M]．赵旭东等．北京：北京大学出版社，2003.

7．[英] 安东尼・吉登斯．社会的构成 [M]．李康，李猛．北京：生活・读书・新知三联书店，1998.

8．杜骏飞．网络传播概论 [M]．福州：福建人民出版社，2004.

9. 车文博. 弗洛伊德主义原理选辑 [M]. 沈阳：辽宁人民出版社，1988.

10. [奥] 西格蒙德 • 弗洛伊德. 弗洛伊德后期著作选 [M]. 林尘等. 上海：上海译文出版社，1986.

11. [美] 乔纳森 • H. 特纳. 社会学理论的结构 [M]. 邱泽奇，张茂元等. 北京：华夏出版社，2006.

12. [美] 查尔斯 • 霍顿 • 库利. 人类本性与社会秩序 [M]. 包凡一，王源. 北京：华夏出版社，1999.

13. [美] 乔治 • 赫伯特 • 米德. 心灵、自我与社会 [M]. 霍桂桓. 北京：华夏出版社，1999.

14. [荷] 约斯 • 德 • 穆尔. 赛博空间的奥德赛——走向虚拟本体论与人类学 [M]. 麦永雄. 桂林：广西师范大学出版社，2007.

15. [美] 欧文 • 戈夫曼. 日常生活中的自我呈现 [M]. 黄爱华，冯钢. 杭州：浙江人民出版社，1989.

16. 王成兵. 当代认同危机的人学解读 [M]. 北京：中国社会科学出版社，2004.

17. 张春兴. 青年的认同与迷失 [M]. 北京：世界图书出版公司，1993.

18. 朱立立. 身份认同与华文文学研究 [M]. 上海：三联书店出版社，2008.

19. 陈清侨. 身份认同与公共文化——文化研究论文集 [M]. 牛津大学出版社，1997.

20. 《第欧根尼》中文精选版编辑委员会. 文化认同性的变形 [M]. 北京：商务印书馆，2008.

21. 罗刚，刘象愚. 文化研究读本 [M]. 中国社会科学出版社，2000.

22. 马戎，周星. 中华民族凝聚力形成与发展 [M]. 北京：北京大学出版社，1999.

23. 雪莉 • 特克. 虚拟化身——网路世代的身分认同 [M]. 谭天，吴佳真. 台湾：远流出版事业股份有限公司，1998.

24. [英] 戴维 • 莫利，凯文 • 罗宾斯. 认同的空间：全球媒介、电子世界景观和文化边界 [M]. 司艳. 南京：南京大学出版社，2001.

25. [美] 曼纽尔 • 卡斯特. 认同的力量 [M]. 夏铸九，黄丽玲等. 北京：社会科学文献出版社，2003.

26. [美] 道格拉斯•凯尔纳. 媒体文化 —— 介于现代与后现代之间的文化研究、认同性与政治 [M]. 丁宁. 北京：商务印书馆，2004.

27. [美] 马克 • 波斯特. 信息方式 —— 后结构主义与社会语境 [M]. 范静晔. 北京：商务印书馆，2000.

28. [美] 马克 • 波斯特. 第二媒介时代 [M]. 范静晔. 南京：南京大学出版社，2000.

29. 鲍宗豪. 数字化与人文精神 [M]. 上海：上海三联书店，2003.

30. 何明升，白淑英. 网络互动 —— 从技术幻境到生活世界 [M]. 北京：中国社会科学出版社，2008.

31. [美] 休 • 休伊特. 博客 —— 信息革命最前沿的定位 [M]. 杨竹山，潘洗. 北京：中国铁道出版社，2006.

32. 赵雅文. 博客：生性 • 生存 • 生态 [M]. 北京：中国社会科学出版社，2008.

33. [英]Jane Stokes. 媒介与文化研究方法 [M]. 黄红宇，曾妮. 上海：复旦大学出版社，2006.

34. [美] 斯坦利 • 巴兰，丹尼斯 • 戴维斯. 大众传播理论：基础、争鸣与未来 [M]. 曹书乐. 北京：清华大学出版社，2004.

35. [美] 艾尔 • 巴比. 社会研究方法 [M]. 邱泽奇. 北京：华夏出版社，2000.

36. 袁方. 社会研究方法教程 [M]. 北京：北京大学出版社，1997.

37. 陈向明. 质的研究方法与社会科学研究 [M]. 北京：教育科学出版社，2000.

38. [美] 罗伯特 • K. 殷. 案例研究：设计与方法 [M]. 周海涛. 重庆：重庆大学出版社，2004.

39. [美] 罗杰 • D. 维曼，约瑟夫 • R. 多米尼克. 大众媒介研究导论 [M]. 金兼斌等. 北京：清华大学出版社，2005.

40. [美] 诺曼 · K. 邓津，伊冯娜 · S. 林肯．定性研究：策略与艺术 [M]. 风笑天等．重庆大学出版社，2007.

41. 吴廷俊．科技发展与传播革命 [M]．武汉：华中科技大学出版社，2001.

42. 彭兰．中国网络媒体的第一个十年 [M]．北京：清华大学出版社，2005.

43. 吴廷俊，屠忠俊．网络传播概论 [M]．武汉：武汉大学出版社，2007.

44. [美] 尼葛洛庞帝．数字化生存 [M]．胡泳，范海燕．海口：海南出版社，1997.

45. [美] 杰弗逊 · 戈比著．你生命中的休闲 [M]．康筝．昆明：云南人民出版社，2000.

46. 许金声．活出最佳状态 —— 自我实现 [M]．北京：新华出版社，1999.

47. 王怡红．人与人的相遇 —— 人际传播论 [M]．北京：人民出版社，2003.

48. [美] 约书亚 · 梅罗维茨．消失的地域：电子媒介对社会行为的影响 [M]. 肖志军．北京：清华大学出版社，2002.

49. 罗杰 · 菲德勒．媒介形态变化 —— 认识新媒介 [M]．北京：华夏出版社，2000.

50. 杨善华．当代社会学理论 [M]．北京：北京大学出版社，1999.

51. [德] 阿尔弗雷德 · 许茨．社会实在问题 [M]．霍桂恒，索昕．北京：华夏出版社，2001.

52. 吴伯凡. 孤独的狂欢——数字时代的交往 [M]. 北京: 中国人民大学出版社，1998.

53. [美] 林南．社会资本 —— 关于社会结构与行动的理论 [M]．张磊．上海：上海人民出版社，2004.

54. [苏] 伊 · 谢 · 科恩．自我论：个人与个人自我意识 [M]．佟景韩等．北京：生活 · 读书 · 新知三联书店，1986.

55. [德] 马丁 · 布伯．人与人 [M]．张见，韦海英．北京：作家出版社，1992.

56. [德] 马丁 · 布伯. 我与你 [M]. 陈维纲. 北京: 生活 · 读书 · 新知三联书店，1986.

57．方兴东，王俊秀．博客——e时代的盗火者 [M]．北京：中国方正出版社，2003．

58．[美] 威尔伯・施拉姆．传播学概论 [M]．北京：新华出版社，1984．

59．[德] 哈贝马斯．公共领域的结构转型 [M]．曹卫东等．北京：学林出版社，1999．

60．[英] 安吉拉・默克罗比．后现代主义与大众文化 [M]．田晓菲．北京：中央编译出版社，2001．

61．[法] 让 - 弗朗索瓦・利奥塔尔．后现代状况：关于知识的报告 [M]．车槿山．北京：生活・读书・新知三联书店，1997．

62．汪晖，陈燕谷．文化与公共性 [M]．北京：生活・读书・新知三联书店，2005．

63．[法] 罗兰・巴特．恋人絮语——一个解构主义的文本 [M]．汪耀进．上海：上海人民出版社，1998．

64．胡经之．西方文艺理论名著教程（下）[M]．北京：北京大学出版社，1988．

65．朱立元，李钧．二十世纪西方文论选（下）[M]．北京：高等教育出版社，2002．

66．孙玮．现代中国的大众书写——都市报的生成、发展与转折 [M]．上海：复旦大学出版社，2006．

67．[英] 齐格蒙特・鲍曼．被围困的社会 [M]．郇建立．南京：江苏人民出版社，2006．

68．[波兰] 弗・兹纳涅茨基．知识人的社会角色 [M]．郏斌祥．南京：译林出版社，2000．

69．[英] 阿兰・德波顿．身份的焦虑 [M]．陈广兴，南治国．上海：上海译文出版社，2007．

70．罗荣渠．现代化的理论与历史经验再探讨 [M]．上海：上海译文出版社，1996．

71．[英] 齐格蒙特・鲍曼．全球化——人类的后果 [M]．郭国良等．北京：

商务印书馆，2001.

72. [英]约翰•汤姆林森. 全球化与文化[M]. 郭英剑. 南京：南京大学出版社，2002.

73. [英]汤林森. 文化帝国主义[M]. 冯建三. 上海：上海人民出版社，1999.

74. [美]罗兰•罗伯森. 全球化——社会理论和全球文化[M]. 梁光严. 上海：上海人民出版社，2000.

75. [美]弗里德里克•詹姆逊. 詹姆逊文集[M]. 王逢振. 北京：中国人民大学出版社，2004.

76. [英]安迪•格林. 教育、全球化与民族国家[M]. 朱旭东等. 北京：教育科学出版社，2004.

77. 李惠斌. 全球化：中国道路[M]. 北京：社会科学文献出版社，2003.

78. 庞中英. 全球化、反全球化与中国——理解全球化的复杂性与多样性[M]. 上海：上海人民出版社，2002.

79. 范丽珠. 全球化下的社会变迁与非政府组织[M]. 上海：上海人民出版社，2003.

80. [美]葛洛蒂. 革命时代——第五次浪潮[M]. 张国治译. 北京：电子工业出版社，1999.

81. 沙莲香. 社会心理学[M]. 北京：中国人民大学出版社，1987.

82. 孟威. 网络互动——意义诠释与规则探讨[M]. 北京：经济管理出版社，2004.

83. 李玉华，卢黎歌. 网络世界与精神家园——网络心理现象透视[M]. 西安：西安交通大学出版社，2002.

84. 熊伟. 存在主义哲学资料选辑(上卷)[M]. 北京：商务印书馆，1997.

85. [奥]西格蒙德•弗洛伊德. 弗洛伊德文集[M]. 王嘉陵等. 北京：东方出版社，1997.

86. [奥]西格蒙德•弗洛伊德. 性欲三论[M]. 赵雷. 北京：国际文化出版公司，2000.

87. [德] 马尔库塞. 爱欲与文明 [M]. 黄勇，薛民. 上海：上海译文出版社，1987.

88. 刘小枫. 沉重的肉身 [M]. 上海：上海人民出版社，1999.

89. [美] 卡伦 • 霍妮. 自我分析 [M]. 许泽民. 贵阳：贵州人民出版社，2004.

90. 聂庆璞. 网络叙事学 [M]. 北京：中国文联出版社，2004.

91. 马一波，钟华. 叙事心理学 [M]. 上海：上海教育出版社，2006.

92. 张春兴. 现代心理学 —— 现代人研究自身问题的科学 [M] 上海：上海人民出版社，1994.

93. 杨韶刚. 精神追求：神秘的荣格 [M]. 哈尔滨：黑龙江人民出版社，2002.

94. [美] 埃瑟 • 戴森. 2.0 版：数字化时代的生活设计 [M]. 海口：海南出版社，1998.

95. [美] 塞缪尔 • 亨廷顿. 我们是谁：美国国家特性面临的挑战 [M]. 程克雄. 北京：新华出版社，2005.

96. 包晓光. 小资情调 —— 一个逐渐形成的阶层及其生活品味 [M]. 长春：吉林摄影出版社，2002.

97. 李培林，张翼，赵延东，梁栋. 社会冲突与阶级意识：当代中国社会矛盾问题研究 [M]. 北京：社会科学文献出版社，2005.

98. [美] 格伦斯基. 社会分层 [M]. 王俊等. 北京：华夏出版社，2005.

99. 汪民安. 身体、空间与后现代性 [M]. 南京：江苏人民出版社，2006.

100. [美] 保罗 • 福塞尔. 格调：社会等级与生活品味 [M]. 梁丽真，乐涛等 . 南宁：广西人民出版社，2002.

101. [英] 泰勒. 原始文化 [M]. 蔡江浓. 杭州：浙江人民出版社，1988.

102. [美] 克利福德 • 格尔茨. 文化的解释 [M]. 韩莉. 南京：译林出版社，1999.

103. 张立文. 传统文化与现代化 [M]. 北京：中国人民大学出版社，1987.

104. [美] 阿历克塞 • 英克尔斯. 人的现代化 [M]. 殷陆君. 成都：四川人民出版社，1985.

105. [英] 齐格蒙特 • 鲍曼．共同体：在一个不确定的世界中寻找安全 [M]．欧阳景根．南京：江苏人民出版社，2003.

106. [美] 本尼迪克特 • 安德森．想象的共同体：民族主义的起源与散布 [M]．吴叡人．上海：上海人民出版社，2005.

107. 饶子，费勇著．本土以外 —— 论边缘的现代汉语文学 [M]．中国社会科学出版社，1998.

108. 苏新春．文化语言学教程 [M]．外语教学与研究出版社，2006.

109. [英] 特伦斯 • 霍克斯．结构主义和符号学 [M]．瞿铁鹏．上海：上海译文出版社，1987.

110. [加] 卜正民，施恩德．民族的构建 —— 亚洲精英及其民族身份认同 [M]．陈城．长春：吉林出版集团有限责任公司，2008.

111. 翟学伟．人情、面子与权力的再生产 [M]．北京：北京大学出版社，2005.

(二) 期刊、报纸

112. [加] 查尔斯 • 泰勒．现代认同：在自我中寻找人的本性 [J]．求是学刊，2005,32(5).

113. 方兴东，胡泳．媒体变革的经济学与社会学——论博客与新媒体的逻辑 [J]．现代传播，2003(6).

114. 方兴东．博客与传统媒体的竞争、共生、问题和对策 —— 以博客 (blog) 为代表的个人出版的传播学意义初论 [J]．现代传播，2004(2).

115. 方兴东，张笑容．大集市模式的博客传播理论研究和案例分析 [J]．现代传播，2006(3).

116. 周晓虹．认同理论：社会学与心理学的分析路径 [J]．社会科学，2008(4).

117. 雷雳，陈猛．互联网使用与青少年自我认同的生态关系 [J]．心理科学进展，2005，13(2).

118. 刘文．拉康的镜像理论与自我的建构 [J]．学术交流，2006(7).

119．张莹瑞，佐斌．社会认同理论及其发展 [J]. 心理科学进展，2006，14(1).

120．汪和建．解读中国人的关系认同 [J]．探索与争鸣，2007(12).

121．高一虹，李玉霞，边永卫．从结构观到建构观：语言与认同研究综观 [J]. 语言教学与研究，2008(1).

122．刘杏玲，吴满意．区域一体化过程中的文化认同研究综述 [J]．电子科技大学学报，2008(1).

123．崔新建．文化认同及其根源 [J]．北京师范大学学报，2004(4).

124．刘建明．文化全球化与地方文化认同 [J]．湖北大学学报，2005(4).

125．李艳艳．大学生博客热的价值观根源探析 [J]．山东省青年管理干部学院学报，2007(1).

126．李艳艳．大学生博客热现象的冷思考 [J]. 石家庄经济学院学报，2008(2).

127．刘宏山．大学生博客行为的心理性动机探析 [J]．教书育人，2008(33).

128．石莹，张志杰．大学生博客使用现状调查 [J]．西南师范大学学报，2007(3).

129．郑智斌，赵颖彦．大学生博客使用调查分析 [J]．当代传播，2007(3).

130．姜斐，李盈盈．博客对在杭大学生媒介素养影响调查报告 [J]．中国广播电视学刊，2007(8).

131．朱珊．作为生活方式的博客——大学生博客使用状况调查报告 [J]．今传媒，2008(5).

132．王玲宁．大学生博客使用行为分析 [J]．中国广播电视学刊，2007(10).

133．孙冉．从 BLOG 与传统日记的区别看大学生博客的写作心理 [J]．中国青年研究，2006 (1).

134．黄蓝，肖立．大学生博客现象初探 [J]．科技信息，2007(24).

135．孔祥娜．大学生自我认同感和疏离感的研究 [J]. 河西学院学报，2005(3).

136．桂守才，王道阳，姚本先．大学生自我认同感的差异 [J]．心理科学，2007，30(4).

137．施晶晖．大学生自我认同危机析因 [J]. 江西科技师范学院学报，2003(6).

138．李波，李林英，安芹，贾晓明．重大危机生活事件对大学生心理成长的

影响 —— 非典对大学生自我认同的影响 [J]．中国健康心理学杂志，2005(1).

139．张晓宏．论大学生自我同一性危机及其调适 [J]. 高等教育研究，2005(2).

140．江琴．当代大学生自我认同危机省思 [J]. 桂林师范高等专科学校学报，2007(1).

141．江琴．当代大学生自我认同重构 [J]. 山东省农业管理干部学院学报，2007(2).

142．江琴．当代大学生自我认同危机的成因分析 [J]. 赤峰学院学报，2009(3).

143．何明升，李一军 . 网络生活中的虚拟认同问题 [J]. 自然辩证法研究，2001(4).

144．杜骏飞，巢乃鹏．认同之舞：虚拟社区里的人际交流 [J]. 新闻大学，2003(夏).

145．陈井鸿．网络交往与“自我”认同 [J]．江海纵横，2007(6).

146．钟瑛，刘海贵．网络身份的意义探析 [J]．复旦大学学报，2003(6).

147．丁道群．网络空间的自我呈现 —— 以网名为例 [J]．湖南师范大学教育科学报，2005,4(3).

148．刘中起，风笑天．虚拟社会化与青少年角色认同实践研究 [J]．黑龙江社会科学，2004(2).

149．高兆明．网络社会中的自我认同问题 [J]．天津社会科学，2003(2).

150．李辉．网络虚拟交往中的自我认同危机 [J]．社会科学，2004(6).

151．刘颖杰．关于网络自我认同危机 [J]．广西青年干部学院学报，2005(1).

152．吴信训，李晓梅．社会性别视角下博客中的女性表达和自我建构 [J]．新闻记者，2007(10).

153．叶红．博客性别身份的自我呈现与女性刻板形象 —— 以搜狐博客为研究对象 [J]．现代传播，2009(1).

154．莫颖怡．博客与网络身份建构 [J]. 国际新闻界，2006(5).

155．孙玮．“我们是谁”：大众媒介对于新社会运动的集体认同的建构 —— 厦门 PX 项目事件大众媒介报道的个案研究 [J]. 新闻大学，2007(3).

156．孙嘉卿．文化博客：信息时代的空中花园 [J]. 中国图书评论，2006(12).

157．孙海法，朱莹楚．案例研究法的理论与应用 [J]. 科学管理研究，2004(1).

158．程曼丽．国际传播学学科体系建立的理论前提 [J]．北京大学学报，2006(6)．

159．白磊．对媒介技术的传播学浅析 [J]．大众科技，2006(8)．

160．陈力丹．试看传播媒介如何影响社会结构——从古登堡到“第五媒体 [J]．国际新闻界，2004(6)．

161．吴晓明．Web2.0 时代博客新闻的传播形态 [J]．徐州师范大学学报，2006(3)．

162．王晓华．时尚与大众传媒的怪圈 [J]．中国青年研究，1996(3)．

163．余逸群．时尚和引领：当代都市青年生活方式 [J]．河北青年管理干部学院学报，2003(2)．

164．孙云晓．2004 中国十大文化流行语 [J]．基础教育，2005 (1)．

165．张帆等．当代大学生价值观新动向——后现代语境下的大学校园亚文化 [J]．中国青年研究，2006(3)．

166．黄卓越．博客写作与公共空间的私人化问题 [J]．文学评论，2008(3)．

167．颜纯均．博客和个人媒体时代 [J]．福建论坛，2003(3)．

168．杨林军，陆王天宇．博客的自我表达 [J]．世界科学，2006(10)．

169．尹岩．论个体自我认同危机 [J]．湖南师范大学社会科学学报，2007(5)．

170．华桦．论当代大学生的身份认同危机 [J]．当代青年研究，2008(10)．

171．孙红永．谈社会转型期大学生的越轨行为及控制措施 [J]．教育与职业，2007(9)．

172．陶志刚，张生．中国社会转型期大学生价值观念与就业难 [J]．大庆社会科学，2007(6)．

173．张首先，马丽．文化符号视域下青年大学生的民族文化认同危机 [J]．天府新论，2007(6)．

174．尹世洪．三个新论：文化、现代化、传统文化与现代化——读《中国传统现代化与马克思主义中国化》[J]．江西社会科学，2006(4)．

175．俞思念．传统文化与中国社会主义现代化论纲 [J]．社会主义研究，2005(5)．

176．李庆霞．全球化视域中的文化本土化研究 [J]．社会科学战线，2007(1).

177．周阳，黄向阳．大学生多元文化认同的成因与对策研究 [J]．传承，2008(7).

178．张玉兰．历史教学中学生民族自豪感的培养 [J]．时代教育，2006(12).

179．孙溯源．认同危机与美欧关系的结构性变迁 [J]．欧洲研究，2004(5) .

180．王丽佩，李永鑫．印象管理影响因素研究述评 [J]．天水行政学院学报，2007(6).

181．屈勇．网络人际交往中的印象整饰 [J]．今日中国论坛，2008(1).

182．陈献．大学生自我定位意识与模式探究 [J]. 中国科教创新导刊，2008(34).

183．武莉娜，李院莉．对大学生定位于普通劳动者的质疑 [J]．当代教育论坛，2007(5).

184．陈杰英．大学生初次就业角色定位对就业影响的实证分析 [J]．青年探索，2008(6).

185．朱明贤，郑克清．大学生的社会定位及荣辱观建设 [J]．中国青年政治学院学报，2008(2).

186．谢兴萍．大学生定位思考 [J]．科学咨询，2006(10).

187．陈卡丽．当代女大学生性别角色定位问题的研究 [J]．经济与社会发展，2005(4).

188．姜方炳．对“80 后”一代角色偏差问题的体认与反思 [J]．中国青年研究，2007(6).

189．高中建，孟利艳．“80 后”现象的归因及对策分析 [J]．中国青年研究，2007(10).

190．梁晓声．“80 后”现象是中国式的文化现象 [J]. 中国图书评论，2005(1).

191．庄文静．主管：真诚地拥抱“80 后”吧 [J]．中外管理，2007(9).

192．袁梅．审美文化视野中的“小资”和“小资情调”[J]. 齐鲁学刊，2005(5).

193．林怀宇．从小资形象的嬗变看大众传媒对日常生活的影响 [J]．新闻界，2005(6).

194．郑坚．当代传媒场域中的“小资”文化解析 [J]．当代传播，2008(1).

195．童龙超．阶级宿命论与“小资产阶级作家”[J]．社会科学研究，2007(1).

196．袁立．当代大学生恋爱态度调查与分析 [J]．中国健康心理学杂志，2005,13(4).

197．刘彦华，李鑫，曾宪翠．新时期大学生恋爱观的调查与思考 [J]．教育科学，2007(4).

198．王兵，蔡闽，衡艳林．大学生婚恋观调查分析 [J]．中国性科学，2005，14(12).

199．冯果．“上海小资”与“小资电影”[J]．当代电影，2007(5).

200．林明．文化认同与社会和谐 [J]．南京社会科学，2008(2).

201．张旭鹏．文化认同理论与欧洲一体化 [J]．欧洲研究，2004(4).

202．刘国平，杨春风．当代经济社会发展视界中的东北地域文化 [J]．社会科学战线，2003(5).

203．李慕寒，沈守兵．试论中国地域文化的地理特征 [J]. 人文地理，1996(1).

204．杨守国．陕西电视剧创作和地域文化之间的关系 [J]. 电影评介，2009(7).

205．杜霞．人在边缘：异域写作中的文化认同 [J]．华文文学，2005(2).

206．轩红芹．“向城求生”的现代化诉求——90 年代以来新乡土叙事的一种考察 [J]．文学评论，2006(2).

207．[美]P．L．范・登・伯格．民族烹饪—— 实际上的文化 [J]．民族译丛，1988(3).

208．张汉．中国区域饮食文化的社会影响与区域自我认同功能 [J]．科教文汇，2007(1).

209．张三夕．从古代的政治流放地到现代的经济特区 —— 论海南岛与大陆文化认同的历史性特征 [J]．海南师范学院学报，2000(3).

210．黄亚平，刘晓宁．语言的认同性与文化心理 [J]．中国海洋大学学报，2008(6).

211．韩震．论全球化进程中的多重文化认同 [J]．文化研究，2006(2).

212．樊红敏．国家认同建构中的文化认同与民族认同 —— 汶川地震后的启示 [J]. 郑州航空工业管理学院学报，2008(5).

213. 冯霞，尹博. 北京奥运文化传播与中国国家形象塑造 [J]. 北京社会科学，2007(4).

214. 唐吉斌. 中华健儿的奥运史 [J]. 档案时空，2007(5).

215. 陈泽伟. 奥运中国百年里程 [J]. 瞭望，2008(1).

216. 董小英，李其，师曾志等. 奥运会与国家形象：国外媒体对四个奥运举办城市的报道主题分析 [J]. 中国软科学，2005(2).

217. 杨慧，王向峰. 中华民族共有的最高诗情 ——“祖国母亲”考辨 [J]. 社会科学辑刊，2007(1).

218. 胡键. 没有强大的祖国，哪有幸福的家？ [J]. 社会观察，2009(5).

219. 徐院珍，方桐清. 自豪感与大学生素质的培养 [J]. 现代企业教育，2006(12).

220. 刘汉. 试论民族自豪感和民族危机感对增强国家实力的作用 [J]. 恩施职业技术学院学报，2007(1).

221. [台湾] 郭俊次. 我骄傲，我自豪，我是中国人 [J]. 统一论坛，2008(5).

222. 就业难带来新情况：大学生自愿延期以保应届毕业 [N]. 报刊文摘，2009，6(22):(003).

223. 于波. 实名注册可促博客健康发展 [N]. 中国信息报，2009，3(20)：(002).

224. 陆文军，钱晨祎. 博客实名制：在争议中艰难“涉水”[N]. 新华日报，2007，1(18):(D02).

225. 杨琳桦. “博客实名制”调研结果上报信产部 [N]. 21 世纪经济报道，2007，1(19):(022).

226. 翁铁慧. 从抗震救灾看 80 后的精神世界 [N]. 文汇报，2008，8(21)：(005).

(三) 网　络

227. 中国大学生博客圈. http://q.blog.sina.com.cn/zhgdxsh,2006-2009.

228. 中国互联网络信息中心. 第 20 次、21 次、22 次、23 次中国互联网络发展状况统计报告 [EB]. http://www.cnnic.cn,2007-7-18; 2008-1-17; 2008-7-23; 2009-1-13.

229. 中国互联网协会. 中国 Web2.0 现状与趋势调查报告 [EB/OL]. 新浪科技

报道，2006-2-23.

230．中国互联网协会政策与资源工作委员会博客研究组．2006 年中国博客调查报告 [EB/OL]． http://www.cnnic.cn/uploadfiles/pdf/2006/9/28/182836.pdf.

231．中国互联网络信息中心．2007 年中国博客市场调查报告 [EB/OL]．http://www.cnnic.cn/html/Dir/2007/12/26/4948.htm.

232．中国互联网络信息中心．2008-2009 中国互联网研究报告系列之“中国青少年上网行为调查报告”[EB/OL]． http://www.cnnic.cn/uploadfiles/pdf/2009/4/13/164657.pdf.

233．张晨．大学生博客：在网络舞台上出演个性 [EB/OL]．http://news.xinhuanet.com/school/2005-08/03/content_3297563.htm, 2005-8-3.

234．石勇．“自我”与文化认同 [EB/OL]．http://www.comment-cn.net/data/2006/0623/article_10506.html, 2006-6-23.

235．大学生就业压力调查：硕士生压力感居首位 [EB/OL]． http://www.124aj.cn/news/rsrm/2009/6/12/72JAFE7G9H8D6AH12.html, 2009-6-12.

236．就业蓝皮书：08 届大学毕业生中仍有 16 万“啃老族”[EB/OL]．中新网，2009-6-10.

237. 梅莹，薛莉，杜双双，陈诚. 调查显示英语四六级证书失去求职竞争力 [EB/OL]．荆楚网 - 楚天金报，2009-8-16.

238．罗瑞明．冒名上大学是现代版的“狸猫换太子”[EB/OL]．http://campus.chsi.com.cn/xy/lp/200905/20090508/23363341.html, 2009-5-8.

239．黄厚铭．面具与人格认同 —— 网路的人际关系 [EB/OL]．http://www.zuowenw.com/lunwenku/jsjlw/200809/393883_3.html, 2008-9-5.

240．中华人民共和国成立以来各时期党和国家的教育方针表述 [EB/OL]．http://www.tsinghua.edu.cn/docsn/dwyjsgzb/file3.htm, 2002-2-27.

241．开复给学生的第七封信：21 世纪最需要的 7 种人才 [EB/OL]．http://hi.baidu.com/20xx/blog/item/15b681d4e81efb04a18bb7a9.html, 2008-5-26.

242．王勤．“80 年代生人”崭露头角 —— 对“80 后”的一种解读 [EB/OL]．http://www.cycrc.org/cnarticle_detail.asp?id=809, 2006-11-26.

243．谁在鄙视 80 后？王朔比 80 后还后 [EB/OL]．http://post.soso.com/tv/30109513/v.html?ch=sbr.bar.tie, 2009-7-5.

244．廖保平．王朔“80 后”对骂，文人只会打架？ [EB/OL]．http://book.qq.com/a/20070122/000068.htm, 2007-1-22.

245．中安在线．“80 后”作家群起反攻：王朔太嚣张 [EB/OL]．http://read.anhuinews.com/system/2007/01/18/001653892.shtml, 2007-1-18.

246．郑琳．韩寒帮着王朔炮轰“80 后” [EB/OL]．http://www.qlwb.com.cn/display.asp?id=194970, 2007-1-20.

247．佚名．韩寒张悦然小饭均力挺王朔不想为 80 后说好话 [EB/OL]． http://wx.fjstu.net/200701/11688.html, 2007-1-25.

248．超级汀迷．80 后致王朔的一封公开信 [EB/OL]． http://tieba.baidu.com/f?kz=177633346, 2009-7-5.

249．小资情调 [EB/OL]． http://baike.baidu.com/view/26419.htm, 2009-6-22.

250．七七．小资文化的创始人 [EB/OL]． http://www.xz-qd.com/viewnews-2097-page-4.html, 2009-5-19.

251．七七．安妮宝贝：小资文化的先行者 [EB/OL]．http://www.xz-qd.com/viewnews-2100.html, 2009-5-19.

252．宋祖英：我的长处和优点未必人家能学到 [EB/OL]．http://www.chinanews.com.cn/yl/news/2009/06-29/1752451.shtml, 2009-6-29.

253．湘西妹子宋祖英 [EB/OL]． http://space.tv.cctv.com/podcast/songzuying.

254．川菜的特征及四川人及四川人饮食口味特点 [EB/OL]．http://ask.koubei.com/question/1509030301211.html, 2009-3-4.

255．汶川大地震一周年大事记 [EB/OL]．中国新闻网，2009-5-12.

256．中国地震局：修订汶川地震震级属正常 [EB/OL]．CCTV.com, 2008-5-19.

（四）其　　他

257．江琴．当代大学生自我认同危机研究 —— 以广东高校为例 [D]．广州：华南师范大学，2007.

258．韩艳梅．中文博客语篇中的性别身份与认同：超女评论背后的身份认同研究 [D]．广州：广东外语外贸大学，2007．

259．中国社会科学院语言研究所词典编辑室．现代汉语词典（修订本）[G] 北京：商务印书馆，1978．

260．辞海编辑委员会．辞海 [G]．上海：上海辞书出版社，1999．

261．中央人民广播电台“中国之声・央广新闻”，2009-8-13，17:30．

二、英文文献（按字母顺序排列）

262．Ainhoa de Federico de la Rúa. (2007). Networks and identifications: A relational approach to social identities. *International Sociology,* 22(6): 683-699.

263．Amichai–Hamburger, Y., Lamdan, N., Madiel, R., & Hayat, T. (2008). Personality characteristics of Wikipedia members. *Cyberpsychology & Behavior,* 11(6):679-681.

264．Anastasio, P. A., Rose, K. C., & Chapman, J. G. (2005). The divisive coverage effect: How media may cleave differences of opinion between social groups. *Communication Research*, 32(2):174-176.

265．Andsager, J. L., Bemker, V., Choi, H., & Torwel, V. (2006). Perceived similarity of exemplar traits and behavior: Effects on message evaluation. *Communication Research,* 33(1):3-18.

266．Appiah, O. (2004). Effects of ethnic identification on web browsers' attitudes toward and navigational patterns on race-targeted sites. *Communication Research,* 31(3):329-330.

267．Bargh, J.A., MeKenna, K.Y.A., and Fitzsimons, G.M.(2002). Can you see the real me? Activation and expression of the "true self" on the Internet. *Journal of Social Issues* 58(1):33-48.

268．Bowman, S., & Willis, C. (2003). We Media: *How audiences are shaping the future of news and information*. http:www.hypergene.net/wemedia.

269. Bronowski, J. (1965). The Identity of Man. Garden City, New York: The Natural History Press.

270. Bruner, J. (1997). A narrative model of self-construction. Annals New York Academy of Sciences, 818(1):145-161.

271. Caplan, S. E. (2003). Preference for online social interaction: A theory of problematic internet use and psychosocial well-being. *Communication Research,* 30(6):628.

272. Chandler, D. (1998). Personal home pages and the construction of identities on the web. *http://www.aber.ac.uk/media/Documents/short/webident.html*.

273. Chen, L. S., Tu, H. H., & Wang, E. S. (2008). Personality traits and life satisfaction among online game players. *Cyberpsychology & Behavior,* 11(2):145-149.

274. Christopherson, K. M. (2007). The positive and negative implications of anonymity in internet social interactions: "On the Internet, Nobody Knows You're a Dog". *Computers in Human Behavior,* 23:3038-3056.

275. Chung, H., & Ahn, E. (2007). The effects of web site structure: The role of personal difference. *Cyberpsychology & Behavior,* 10(6):749-755.

276. Cornwell, B., & Lundgren, D. (2001). Love on the internet: Involvement and misrepresentation in romantic relationships in cyberspace vs. realspace. *Computers in Human Behavior,* 17(2):197-211.

277. Dagnan, D., Trower, P., & Gilbert, P. (2002). Measuring vulnerability to threats to self-construction: The Self and other scale. *Psychology and Psychotherapy: Theory, Research and Practice,* 75(3):279-293.

278. Davis, R. A. (2001). A cognitive-behavioral model of pathological internet use. *Computers in Human Behavior,* 17(2):191.

279. Dominick, J.R. (1999). Who do you think you are? Personal homepages and self-presentation on the World Wide Web. *Journalism and Mass Communication Quarterly,* 76(4):646-658.

280. Ehrenberg, A., Juckes, S., White, K. M., & Walsh, S. P. (2008). Personality

and self-esteem as predictors of young people's technology use. *Cyberpsychology & Behavior,* 11(6):739-741.

281. Ellison, N., Heino, R., & Gibbs, J. (2006). Managing impressions online: Self-presentation processes in the online dating environment. *Journal of Computer-Mediated Communication,* 11(2):415-441.

282. Fung, A. Y. (2002). Identity politics, resistance and new media technologies: A foucauldian approach to the study of the HK net. *New Media & Society,* 4(2):185.

283. Georgiou, M. (2002). Book review: Contesting the frontiers: Media and dimensions of identity. *New media & society,* 4(1):123-133.

284. Gibbs, J. L., Ellison, N. B., & Heino, R. D. (2006). Self-presentation in online personals: The role of anticipated future interaction, self-disclosure, and perceived success in internet dating. *Communication Research*, 33(2):154-156.

285. Guadagno, R. E., Okdie, B. M., & Eno, C. A. (2008). Who blogs? Personality predictors of blogging. *Computers in Human Behavior,* 24(5):1993-2004.

286. Hargie, O., Dickson, D., Mallett, J., & Stringer, M. (2008).Communicating social identity: A study of Catholics and Protestants in Northern Ireland. *Communication Research,* 35(6):799-800.

287. Hargittai, E., & Hinnant, A. (2008). Digital inequality differences in young adults' use of the internet. *Communication Research,* 35(5):602-621.

288. Harrison, T. M., & Barthel, B. (2009). Wielding new media in Web 2.0: Exploring the history of engagement with the collaborative construction of media products. *New media & society,* 11(1&2):155-178.

289. Heim, J., Brandtzæg, P. B., Kaare, B. H., Endestad, T., & LeilaTorgersen. (2007). Children's usage of media technologies and psychosocial factors. *New media & society,* 9(3):425-454.

290. Hodkinson, P. (2007). Interactive online journals and individualization. *New media & society,* 9(4):625-650.

291. Hodkinson, P., & Lincoln, S. (2008). Online journals as virtual bedrooms?:

Young people, identity and personal space. *Young,* 16(1):27-46.

292. Hookway, N. (2008). 'Entering the blogosphere': Some strategies for using blogs in social research. *Qualitative Research,* 8(1):91-113.

293. Huang, L., Chou, Y., & Lin, C. (2008). The influence of reading motives on the responses after reading blogs. *Cyberpsychology & Behavior,* 11(3):351-355.

294. Huffaker, D. A., and Calvert, S. L. (2005). Gender, identity, and language use in teenage blogs. *Journal of Computer-Mediated Communication,* 10(2):24-25.

295. Islam, G. (2006). Virtual speakers, virtual audiences. *Dialectical Anthropology,* 30:71-89.

296. Jim C. (2005). Web2.0: Is it a whole new internet? *http://cuene.typepad.com/MiMA.1.ppt*, 2005-5-18.

297. Joiner, R., Gavin, J., Brosnan, M., Crook, C., Duffield, J., & Durndell, A., et al. (2006). Internet identification and future internet use. *CyberPsychology & Behavior*, 9(4):410-414.

298. Joiner, R., Gavin, J., Duffield, J., Brosnan, M., Crook, C., & Durndell, A., et al. (2005). Gender, internet identification, and internet anxiety: Correlates of internet use. *CyberPsychology & Behavior*, 8(4):373.

299. Joinson, A. N. (2001). Self-disclosure in computer-mediated communication: The role of self-awareness and visual anonymity. *European Journal of Social Psychology,* 31(2):177-192.

300. Joinson, A. N., Paine, C., Buchanan, T., & Reips, U. (2008). Measuring self-disclosure online: Blurring and non-response to sensitive items in web-based surveys. *Computers in Human Behavior,* 24(5):2158-2171.

301. José van Dijck. (2008). Digital photography: Communication, identity, memory. *Visual Communication*, 57(7):63-68.

302. Kang, S. S. (2001). Reflections upon methodology: Research on themes of self construction and self integration in the narrative of second generation Korean American young adults. *Religious Education,* 96(3):408-415.

303. Kennedy, H. (2006). Beyond anonymity, or future directions for internet identity research. *New media & society,* 8(6):859-875.

304. Kim, J. (2009). "I want to be different from others in cyberspace": The role of visual similarity in virtual group identity. *Computers in Human Behavior,* 25:88-95.

305. Kiros, T. (1994). Self-construction and the formation. *Journal of Social Philosophy,* 25(1):97-109.

306. Klein, W. M. P., & Goethals, G. R. (2002). Social reality and self-construction: A case of "bounded irrationality?" .*Basic and Applied Social Psychology,* 24(2):105-114.

307. Kose, G. (2002). The quest for self-identity: Time, narrative, and the late prose of Samues Beckett. *Journal of Constructivist Psychology,* 15(3):171-183.

308. Lea, M., Spears, R., & de Groot, D. (2001). Knowing me, knowing you: Anonymity effects on social identity processes within groups. Personality and Social Psychology Bulletin, 27(5):526-537.

309. Lee, E. (2004). Effects of visual representation on social influence in computer-mediated communication: Experimental tests of the social identity model of deindividuation effects. *Human Communication Research,* 30(2):234-259.

310. Lee, E. (2006). When and how does depersonalization increase conformity to group norms in computer-mediated-communication? Communication Research, 33(6):423-424.

311. Lee, E. (2008). When are strong arguments? Deindividuation effects on message elaboration in computer-mediated communication. *Communication Research,* 35(5):648.

312. Lubbers, M. J., José Luis Molina, & McCarty, C. (2007). Personal networks and ethnic identifications: The case of migrants in Spain. *International Sociology,* 22(6):737.

313. Lo, S. (2008). The nonverbal communication functions of emoticons in computer-mediated communication. *Cyberpsychology & Behavior,* 11(5):595-597.

314. Maczewski, M. (2002). Exploring identities through the internet: Youth

experiences online. *Child & Youth Care Forum,* 31(2):111-129.

315. Matsuba, M. K. (2006). Searching for Self and relationships online. *Cyberpsychology & Behavior,* 9(3):275-284.

316. McKenna, K. Y. A., Green, A. S., & Gleason, M. E. J. (2002). Relationship formation on the internet: What' s the big attraction? *Journal of Social Issues,* 58(1):9-31.

317. Mcmillan, S. J., & Morrison, M. (2006). Coming of age with the internet: A qualitative exploration of how the internet has become an integral part of young people's lives. *New media & society,* 8(1):73-95.

318. Miura, A., & Yamashita, K. (2007). Psychological and social influences on blog writing: An online survey of blog authors in Japan. *Journal of Computer-Mediated Communication,* 12(4):1452-1471.

319. Mullis, R. L., Mullis, A. K., & Cornille, T. A. (2007). Relationships between identity formation and computer use among black and white emerging adult females. *Computers in Human Behavior,* 23(1):415-423.

320. Nithya, H. M., & Julius, S. (2007). Extroversion, neuroticism and self-concept: Their impact on internet users in India. *Computers in Human Behavior, 23*:1322-1328.

321. Nowson, S., & Oberlander, J. (2006). The identity of bloggers openness and gender in personal weblogs. *http://www.aaai.org/Papers/Symposia/Spring/2006/SS-06-03/SS06-03-032.pdf.*

322. Papacharissi, Z. (2002). The presentation of self in virtual life: Characteristics of personal home pages. *Journalism and Mass Communication Quarterly,* 79(3):643-660.

323. Pedersen, S., & Macafee, C. (2007). Gender differences in British blogging. *Journal of Computer-Mediated Communication,* 12(4):1472-1492.

324. Reed, A. (2005). 'My Blog Is Me': Texts and persons in UK online journal culture (and Anthropology). *Ethnos,* 70(2):220-242.

325. Ross, C., Orr, E. S., Sisic, M., Arseneault, J. M., Simmering, M. G., & Orr, R. R. (2009). Personality and motivations associated with Facebook use. *Computers in Human*

Behavior, 25(2):578-586.

326. Sanderson, J. (2008). The blog is serving its purpose: Self-presentation strategies on 38pitches.com. *Journal of Computer-Mediated Communication,* 13(4):912-936.

327. Schmidt, J. (2007). Blogging practices: An analytical framework. *Journal of Computer-Mediated Communication,* 12(4):1409-1427.

328. Shim, M., Lee, M. J., & Park, S. H. (2008). Photograph use on social network sites among South Korean college students: The role of public and private self-consciousness. *Cyberpsychology & Behavior,* 11(4):489-493.

329. SHIN, D., & KIM, W. (2008). Applying the technology acceptance model and flow theory to Cyworld user behavior: Implication of the web2.0 user acceptance. *Cyberpsychology & Behavior,* 11(3):378-382.

330. Subrahmanyam, K., & Smahel, D. (2006). Connecting developmental constructions to the internet: Identity presentation and sexual exploration in online teen chat rooms. *Developmental Psychology,* 42(3):395-406.

331. Suler, J. (2008). Image, word, action: Interpersonal dynamics in a photo-sharing community. *Cyberpsychology & Behavior,* 11(5):555-560.

332. Tanis, M., & Postmes, T. (2007). Two faces of anonymity: Paradoxical effects of cues to identity in CMC. *Computers in Human Behavior,* 23(2):955-970.

334. Teng, C. (2008). Personality differences between online game players and nonplayers in a student sample. *Cyberpsychology & Behavior,* 11(2):232-234.

335. Tidwell, L. C., & Walther, J. B. (2002). Computer-mediated communication effects on disclosure, impressions, and interpersonal evaluations: Getting to know one another a bit at a time. *Human Communication Research,* 28(3):317-348.

336. Valkenburg, P. M., & Peter, J. (2008). Adolescents' identity experiments on the internet: Consequences for social competence and self-concept unity. *Communication Research,* 35(2):208-231.

337. Van Doorn, N., Van Zoonen, L., & Wyatt, S. (2007). Writing from experience:

Presentations of gender identity on weblogs. *European Journal of Women's Studies,* 14(2):143-159.

338. Van Halen, C., & Janssen, J. (2004). The usage of space in dialogical self-construction: From Dante to cyberspace. *AN International Journal of Theory and Research,* 4(4):389-405.

339. Vasalou, A., & Joinson, A. N. (2009). Me, myself and I: The role of interactional context on self-presentation through avatars. *Computers in Human Behavior,* 25(2):510-520.

340. Walker, K. (2000). "It's difficult to hide it"? The presentation of self on internet home pages. *Qualitative Society,* 23(1):99-120.

341. Walther, J. B. (2007). Selective self-presentation in selective self-presentation in computer-mediated communication: Hyperpersonal dimensions of technology, language, and cognition. *Computers in Human Behavior,* 23(5):2538-2557.

342. Whitty, M. T. (2008). Revealing the 'real' me, searching for the 'actual' you: Presentations of self on an internet dating site. *Computers in Human Behavior,* 24(4):1707-1723.

343. Wiesenfeld, B. M., Raghuram, S., & Garud, R. (2006). Communication patterns as determinants of organizational identification in a virtual organization. *Journal of Computer-Mediated Communication,* 3(4).

344. Williams, J. P. (2006). Authentic identities. *Journal of Contemporary Ethnography,* 35(2):173-200.

345. Yao, M. Z., & Flanagin, A. J. (2006). A self-awareness approach to computer-mediated communication. *Computers in Human Behavior,* 22(3):518-544.

346. Yee, N., Bailenson, J. N., & Ducheneaut, N. (2009). The proteus effect: Implications of transformed digital self-representation on online and offline behavior. *Communication Research,* 36(2):285-312.

347. Ying-Tien Wu, M. E., & Chin-Chung Tsai, E. D. (2006). University students' internet attitudes and internet self-Efficacy: A study at three universities in Taiwan.

Cyberpsychology & Behavior, 9(4):441.

348. Yurchisin, J., Watchravesringkan, K., & Mccabe, D. B. (2005). An exploration of identity re-creation in the context of internet dating. *Social Behavior and Personality,* 33(8):735-750.

349. Zhao, S., Grasmuck, S., & Martin, J. (2008). Identity construction on Facebook: Digital empowerment in anchored relationships. *Computers in Human Behavior,* 24(5):1816-1836.

后　　记

本书稿的诞生源自国家教育部项目的立项，是国家教育部项目的结题成果。当初为何确立此选题？一是因为我个人要么在高校求学，要么在高校工作，从自己是大学生到成为大学生的老师，我与大学生结下了不解之缘，这是基于可接近性原则。二是因为我一直关注有关新媒体的研究，发现研究者主要侧重于虚拟空间的自我建构问题，容易得出“虚拟空间中所建构的自我与现实生活中的自我不一样”的结论。而微博不是纯粹的虚拟平台，在这空间建构的自我又是怎样的呢？于是我想探究这个问题，这是问题意识使然。三是因为在最容易产生自我认同危机的青春期，大学生又是如何进行自我表达、自我反思、与人交往来确认“我是谁”这个经典命题呢？有没有可能他们要通过新媒介微博来建构他们的自我认同？这是关联性所致。于是我进行了课题论证，递交了申请书，获得了立项，继而开始了研究。

研究过程中，有乐亦有苦。乐的是一篇篇鲜活的微博，似桥梁，令我了解了他人；似镜子，折射出了我自己；又似红灯，警示着我思考今后该如何教育、培养自己的学生和孩子。在这里我要真诚地感谢每一位大学生微博主，你们的微博文本和图片既成就了我的书稿，更让我有许多的心得和收获，倘有机会取得联系，我愿意支付一些“引用微博文本和图片”的费用！苦的是微博文本更新快，我得不断地跟踪，不断地追记；加之微博文本呈“倒序”排列，而我在布局谋篇时又得把这些文本再“倒过来”以符合书写的逻辑，这就增加了研究的工序；而且每篇微博篇幅最多只有140字，显得琐碎，要将其串起来立意，费劲许多。结题书稿的最终落成，令我大舒一口气，终于可以喘息一下了。可是这也只是一个阶段的结束，另一个国家社科的结题书稿也在等着我去完成、去撰写。学问无止境，我得不断前行！

感谢家人、亲友在背后默默地支持我。首先感谢我那已长眠于地下的祖父，是他用藤条的抽打断了我儿时的逃学之路，令我一步步向上攀登，终于摘获最高学位的果实。感谢我那年迈的双亲，我的每一份忧喜都牵扯着他们的神经，他们的无私之爱滋润着我的心田，没有他们思想的开明，作为女性的我不可能受最高的教育。年迈的父母知道我既要教学、又要科研，还有行政事务，又因夫妻分隔两地而一个人带小孩，会很忙很累，每次电话联系都言简意赅，以免耽误我过多的时间。每次回家探亲，看到他们头上新增的白发，额上新添的皱纹，我就心里发紧，真希望时间能慢行，让我多尽孝心，多陪伴他们。我还要感谢我的姐姐、哥哥、妹妹，没有他们的成全与支持，我也不会有今天，希望他们全家幸福，身体健康，也希望他们的孩子——我的侄儿、外甥们有一个美好的前程。感谢我的先生，他在我们一家人于寒暑假团圆时承担了大部分的家务、照顾小孩，让我能专心于我的科研。还要感谢我年幼的女儿，她的天真与幼稚给忙碌的我平添了许多的快乐与情趣，从她嘴里“蹦”出的那些一本正经的成人语句，还有她出的那些连我都答不上来的数学题，以及她纠正我英语口音的小老师模样，游戏时的认真样，令我笑声不断。我喜看着她的成长，希望她今后能超过妈妈！

感谢复旦大学新闻学院的黄瑚教授，他的虚怀若谷、乐观豁达、浩然正气、宽容善良的品德与风格，令我十分感佩。除了引领我攀登学位的最高峰，他还对我书稿的逻辑结构、图片大小、行文等提出了建设性的意见。虽然我已博士毕业，但他依然关心着我的成长，指导我继续前行。感谢复旦大学社会发展与公共政策学院的于海教授，他善于从日常生活的“小”挖掘出社会意义的“大”来，他的哲学思辨能力、逻辑推理能力以及历史的眼光和深邃的思想，给了我不少启示。感谢武汉大学新闻与传播学院的李元授教授及师母，从读硕士研究生以来他们就一直关心我的成长，关心我身心的健康，关注我事业的发展，从他们那我获得了类似于父母的关爱，他们的真诚与善良也将永远铭刻我心。李教授除了学术上的指导，还为本著的出版牵线搭桥，商谈出版事宜，并用他多年的出书经验，让我充实书稿内容，帮我选择开本，敲定装帧，设计封面，督促进度，并亲自去出版社为本书把关，让书稿得以精美呈现，特此表示深深的感谢！

感谢东华大学人文学院的领导和同事们，是他们给了我精神动力与智力支持，督促我沿着学术之路不断前行。感谢曾帮助、支持、鼓励过我的同学及朋友们，空闲时我会翻开记忆的封皮，在里面一一找寻他们的身影……

“不积跬步，无以成千里；不积小流，无以成江海”，我将继续保持谦逊、认真的作风，努力耕耘，争取获得更多的学术成果！

是为记！

杨桃莲

2016 年 10 月 3 日于上海松江